JN228860

Rust
プログラミング入門

酒井和哉〈著〉

まえがき

オペレーティングシステムやネットワークプロトコル、コンパイラなどのソフトウェアを記述する言語をシステムプログラミング言語と呼びます。これまで、C 言語や C++ がシステムプログラミング言語として幅広く用いられてきました。これらはプログラマーの責任でメモリ管理をしなければならない仕様があり、ソフトウェアバグや脆弱性を誘発することが大きな問題となっていました。

このような背景のもと、C 言語や C++ と同様に高速性を維持しつつ、安全なソフトウェア開発が可能な次世代システムプログラミング言語として Mozilla が開発したのが Rust 言語であり、近年業界で注目されています。特に Stack Overflow と呼ばれるオープンコミュニティ界隈では、2017 年と 2018 年の「一番好きな言語」として Rust 言語がトップに選ばれています [*1]。また、クックパッド株式会社でも採用されています。

しかしながら、Rust 言語自体が比較的歴史の浅いプログラミング言語であるため、Rust 言語関連の書籍は多くありません。特に日本語で書かれた Rust 言語の参考書は、本書の執筆を開始した 2018 年 12 月時点では、オライリー社の翻訳書である『プログラミング Rust』しか発売されていませんでした。そこで出版社からの提案があり、「日本語を母国語とする人による日本人向けの Rust 言語入門書」を執筆することになりました。

一般的に Rust 言語は、参考書やインターネット上の情報が豊富な C 言語や C++、Java、Python などのプログラミング言語を学習したあとに学ぶ「第 2 のプログラミング言語」として位置付けられています。そのため、Rust 言語を学習する人はある程度のプログラミングの知識があることを前提とされているケースが多いようです。本書では、あえてその常識的アプローチから逸脱し、プログラミング初学者向けの内容にしました。

入門書といっても、本書は Rust 言語の文法をリファレンス的に網羅するわけではありません。文法的な説明は最小限にとどめ、コンピュータがプログラムを実行する仕組みやメモリ管理など、他のプログラミング言語にも共通することも解説します。それによって、Rust 言語を学習するだけでなく、他のプログラミング言語を学ぶときにも役に立つ基礎知識を学習できる構成にしました。

第 1 章ではまず、コンパイラとは何か、プログラムはどのようにして実行されるのかといった基本的なことから解説を始めます。第 2 章では、Rust 言語による開発

---

*1 Stack Overflow Developer Survey Results 2017 (https://insights.stackoverflow.com/survey/2017)
Stack Overflow Developer Survey Results 2018 (https://insights.stackoverflow.com/survey/2018)

環境を整えます。第３章では、Rust 言語の基礎となる文法や型、制御構造を解説し、読者自身で記述したプログラムを動かすことによってプログラミングの基礎を学習します。

第４章では、プログラミング初学者にとって最初の難関ともいえるポインタを解説するとともに、それに関連した配列やベクタ型、文字列などを学びます。ポインタを解説するにあたり、プログラム実行時のメモリ管理の仕組みを掘り下げて、コンピュータの動作に関する本質的なことを理解していただけるような構成にしました。すなわち、本書は最初の難関を越えるにあたり、他の初学者向けプログラミング言語とは異なるアプローチをとります。

第５章では、所有権システムと呼ばれる Rust 言語特有の概念を解説します。ここまで読み進めると、なぜ Rust 言語が安全なのかについての理解が深まるでしょう。最後の第６章では、初学者としても理解すべきファイル入出力や標準入出力、トレイト、ジェネリクスなどを解説します。単純に Rust 言語の機能を解説するだけにとどまらず、第５章で解説した Rust らしさを意識しながらソースコードを記述することによって、よいプログラムの書き方を学びます。

本書の読者対象は、職業人や学生、趣味人などのプログラミング初学者としています。また、他の言語を学んだけれど安全なプログラミング言語の仕組みを知りたい、プログラムの動作原理やメモリ管理について理解を深めたいといったオープンソースコミュニティ活動家を含むプログラマー全般も読者対象としています。

なお、本書は多くの方々の賜物であります。本書を執事するにあたり、株式会社オーム社書籍編集局の方々、株式会社トップスタジオ企画制作部の方々には大変お世話になりました。各位に心からの感謝の意を申し上げます。

2019 年 10 月

酒井 和哉

本書では英語圏で生まれた専門用語を使用します。使用した用語の日本語表記は一般的なものを使用しています。

ソースコードでは、下記の文字フォントを利用しています。

```
0123456789ABCDEFGHIJKLMNOPQRSTUVWXYZabcdefghijklmnopqrstuvwxyz()/\+-*
÷_.,:;~@
```

本書では、本文中におけるソースコード行番号を **3行目** といった、見つけやすい表記にしています。

CONTENTS

本書で解説する Rust ソースコードと作業ログは、オーム社のウェブページからダウンロードできます。また、ソースコード番号／ログ番号とファイル名の対応表もご用意しております。オーム社ホームページ（https://www.ohmsha.co.jp/）より本書のウェブページを開き、「ダウンロード」よりお願いします。

Chapter

1

Rust 言語

本章では、まずプログラミングを始めるにあたって理解しておくべき基本的なことやコンパイラについて解説します。そして、本書で解説する Rust の特徴やプログラミング初学者が Rust を学習すべき理由を説明します。

1.1 機械語と高水準言語

コンピュータが実行できるデータのことを**プログラム**（**program**）と呼びます。プログラム内には小さな命令や処理を行う際に必要なデータが含まれています。これらのプログラムは0と1からなるバイナリデータ（2進数の情報）として、ハードディスクやCD、DVD、SDカードなどに保存されています。このようなコンピュータが理解できる言語を**機械語**と呼びます。

プログラム内に記述されているひとつひとつの小さな命令は、0と1のビット列として定義されます。機械語の0と1からなるビット列を人間が解釈するのは、非常に手間がかかります。そこで、機械語を人間にとってわかりやすくした言語として**アセンブリ言語**があります。

アセンブリ言語と機械語は1対1で対応しています。**図1.1**に例を示します。

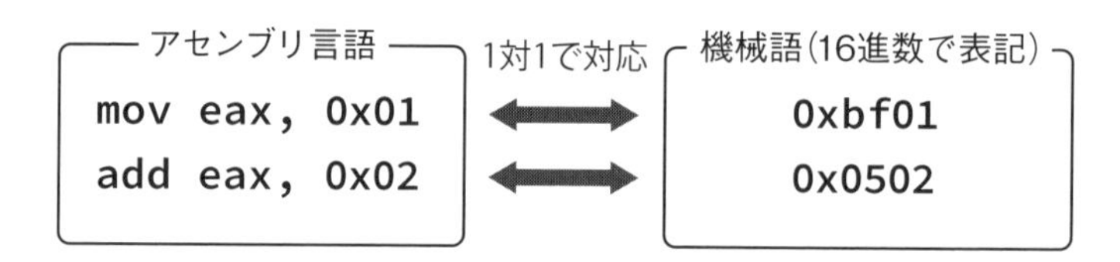

図1.1　アセンブリ言語と機械語の例（16進数で表記）

アセンブリ言語のmov eax, 0x01は、eaxレジスタに整数の1を転送する命令です。eaxレジスタとは、コンピュータの演算装置である**CPU**（**Central Processing Unit**）に組み込まれた記憶回路です。通常、数字の前の0xは、その数字が16進数での表現であることを示しています。この命令に対応する機械語が0xbf01となります。0xbfがeaxレジスタに値を転送するという命令で、その直後に0x01という16進数（2進数では整数の1）が並んでいます。

次のadd eax, 0x02は、eaxレジスタに整数の2を加算して保存せよという命令です。addに対応する機械語は0x05なので、機械語では0x0502となります。この命令のあと、eaxレジスタの値は3になります。

コンピュータが理解できる機械語は、CPUのアーキテクチャによって変わります。現在、市場に出回っているWindows PCやMacBookでは、**x86-64**と呼ばれるアーキテクチャが採用されています。

機械語に比べてアセンブリ言語は人間にとってわかりやすい言語ですが、それでもまだ柔軟なプログラムの記述はできません。そのため、さらに人間の言葉に近い言語として、**高水準言語**（または**高級言語**）という類のプログラミング言語があります。たとえば、**C言語**や**C++**、**Java**、**Python**などです。**Rust**も高水準言語の一種です。高水準言語のプログラムは、テキストベースのファイルに記述します。これをソースコードと呼びます。

プログラミングとは、テキストベースのファイルに高水準言語でソースコードを記述し、それを機械語に変換することによって、コンピュータが実行可能なプログラムを作成する一連のプロセスです。

> **COLUMN 「高水準と低水準」**
>
> コンピュータサイエンスでは、抽象化の度合いによって言語の水準の「高い」「低い」を使い分けます。たとえば、アセンブリ言語はハードウェアを直接操作する言語であるため、低水準言語に分類されます。前述の高水準言語は、記述するときの抽象度が高い言語ということです。C言語は高水準言語ですが、アセンブラ的な記述も可能であり、低水準な操作ができます。高水準／低水準のことを高級／低級または高レベル／低レベルと表現することもありますが、あくまで抽象化の度合いであって、優劣を表すものではありません。

1.1.1 コンパイラとインタプリタ

ソースコードはテキストベースのファイルなので、コンピュータがこれを直接実行することはできません。コンピュータがソースコードをどのように解釈するかによって、プログラミング言語は**コンパイラ**型と**インタプリタ**型に分類できます。

コンパイラ型

コンパイラ型のプログラミング言語では、ソースコードを機械語に変換します。この作業を**コンパイル**と呼びます。ソースコードをコンパイルするためのプログラムをコンパイラと呼びます。コンパイラ型プログラミング言語の例としては、C言語やC++などがあり、本書で取り扱うRustもコンパイラ型に分類されます。

プログラムの実行前にコンパイルをするので、後述するインタプリタ型のプログラミング言語よりも実行速度が数倍高速になります（一般にC言語やC++が最速といわれています）。

一般的な商用アプリケーションやフリーウェアは、実行環境となるオペレーティングシステムごとにソースファイルをコンパイルして、生成した実行ファイルを販売・配布しています。言い換えると、Microsoft社のWindowsやApple社のmacOSなどのプラットフォームや環境ごとにコンパイルをしなければなりません。Windows用に開発したソフトウェアをmacOSでも実行できるようにするためには、ソースコードをプラットフォームに合わせて修正し、コンパイルし直す必要があります。これを**移植**（**porting**）と呼びます。

なお、本書で取り上げるような簡単なプログラムしか扱わない場合は、同じソースコードをそれぞれの環境でコンパイルすれば、Windowsと macOSのどちらでも動作します。ただし、ユーザインターフェースなど環境ごとに見た目が異なる機能や、オペレーティングシステム特有の機能を利用する場合は、プラットフォームに合わせて移植する必要があります。

インタプリタ型

インタプリタ型のプログラミング言語では、プログラム実行時にソースコードを読み込んで、1命令ずつ機械語に変換します。この作業を行うプログラムをインタプリタと呼びます。インタプリタ型のプログラミング言語としては、Python や Ruby、Tcl/Tk、Perl、JavaScript などがあります。

実行時に命令を1つずつ機械語に変換するため、コンパイラ型のプログラミング言語に比べて実行速度が遅くなります。インタプリタ型の利点は、環境ごとにソースコードをコンパイルする必要がなく、気軽にプログラミングができることです。

ハイブリッド型

コンパイラ型とインタプリタ型の両方の側面をもつ**ハイブリッド型**の言語も存在します。Javaがその代表例です。Javaのソースコードは、コンパイラによってバイトコードと呼ばれる中間的なコードに変換されます。仮想マシンと呼ばれる実行環境でバイトコードを実行すると、コードが1つずつ機械語に変換され、プログラムが実行できます。

バイトコードによってある程度の高速性を維持し、仮想マシンによってプラットフォームの違いを吸収するといったように、コンパイラ言語とインタプリタ言語それぞれの良いところを取った言語です。

1.2 コンパイルの仕組み

コンパイラは**図1.2**に示すとおり、**ソースコード**を読み込んで、「**字句解析**」「**構文解析**」「**コード生成**」といった処理を行います。この一連の処理がコンパイルです。

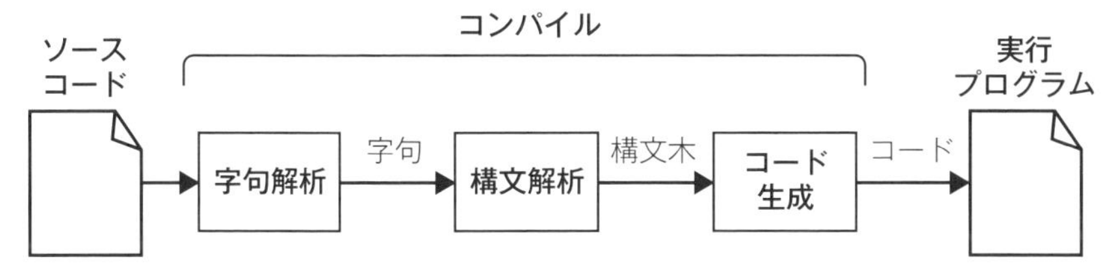

図 1.2　コンパイルの流れ

1.2.1 字句解析

ソースコードの文字列を**字句**と呼ばれる意味のある単位に分割することを字句解析と呼びます。また、字句解析を行うプログラムを**レキサー**（lexer）と呼びます。

たとえば、**図 1.3** に示す 2 ⋆ 3.14 という式を考えてください。この式では、"2" と "⋆" と "3.14" が字句になり、それぞれ整数、演算子、実数といった意味のある単位になります。もし、2 ⋆ 3.14 のように整数と演算子の間に空白が入っていたとしても、それらの空白は意味がありませんので、字句解析では無視されます。

このようなルールは、プログラミング言語の仕様として定義されます。また、ソースコードの記述ルールを**文法**（grammar）と呼びます。

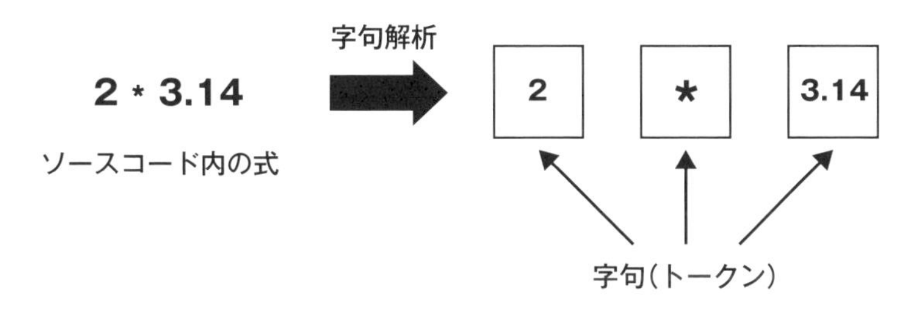

図 1.3　字句解析の例

1.2.2 構文解析

構文解析では、字句をもとに**構文木**（**シンタックスツリー**）と呼ばれるデータ構造を生成することによって、意味のわかる形式に変換します。構文解析を行うプログラムをパーサ（parser）と呼びます。

たとえば、2 ⋆ 3.14 という式を字句に分割し、構文木で表現すると**図 1.4** のようになります。木構造を用いる理由は、構文を解釈するときに都合がよいからです。図 1.4 の例では、乗算の演算子をもつノードを検出すると、その左と右のノードを評価した結果を掛け算します。

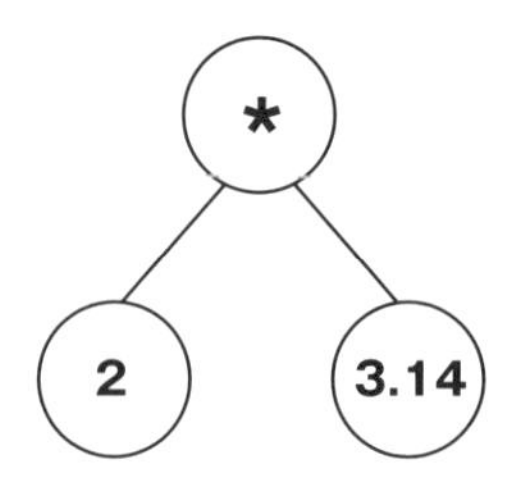

図 1.4　構文木の例

1.2.3 コード生成

コード生成では、実際に機械語（Java などでは中間コード）を生成します。機械語を生成するプログラムを**コードジェネレータ**（**code generator**）と呼びます。生成する機械語はコンピュータのアーキテクチャによって異なります。

スタックを用いて演算処理を行う CPU で、2 ⋆ 3.14 を計算する機械語を生成する例を示します。スタックとは、**Last In First Out**（**LIFO**）の性質をもつデータ構造です。スタックに要素を入れるときは Push を用い、スタックから要素を取り出すときは Pop を用います。前出の図 1.4 の構文木を解釈すると、次のような機械語になります。

1. Push 2（左の子ノードが評価する値をスタックに入れる）
2. Push 3.14（右の子ノードが評価する値をスタックに入れる）
3. Mult（現在のノードの要素が ⋆ なので、乗算に相当する命令を実行）

乗算（Mult）を実行するときは、Pop を 2 回実行して、そのあとスタックから取り出した 2 つの値の積を計算します。

1.3 用途によるプログラミング言語の分類

現在までに、C 言語や C++、Fortran、Java、PHP、Python、Swift、Unity など、さまざまなプログラミング言語が開発され、IT 業界で利用されています。たくさんのプログラミング言語が存在する理由は、目的によって最適な言語を使い分けるからです。

たとえば、ちょっとしたテキスト処理のためにプログラムを組みたい場合もあれば、銀行などの大規模な基幹システムの開発もあり、ソフトウェアの目的や用途はさまざまです。手軽に始められる言語、ハードルは高いが細かいことができる言語といったように、目的に応じて使い分けます。また、Web系やスマホアプリ開発、ゲーム開発、業務システム開発など、多種多様な分野があります。

1.3.1 システムプログラミング言語

オペレーティングシステムやネットワークプロトコル、コンパイラなどのソフトウェアを、**システムソフトウェア**と呼びます。通常のアプリケーションと異なり、ハードウェアを直接操作することや、細かいメモリアクセスが必要となります。これらのシステムソフトウェアを記述するために開発された言語を**システムプログラミング言語**と呼びます。高速性が重視される商用ソフトウェアも、システムプログラミング言語によって記述されます。

代表的なシステムプログラミング言語としてはC言語やC++があり、Rustもこれに分類されます。かつては、実用的に用いられているシステムプログラミング言語はC言語とC++の2つしかありませんでした。そこで、これらに代わる安全性を重視したシステムプログラミング言語として、**Rust**が開発されました。

システムプログラミング言語の特徴は、ハードウェアを直接操作する方法を提供し、メモリを管理できることです。この性質が、システムプログラミング言語の学習のハードルを高くしている一因でもあります。本格的にシステムプログラミング言語を理解するには、コンピュータの動作原理やオペレーティングシステムなど、コンピュータサイエンスの基礎を理解しておく必要があります。

1.4 Rustについて

前述のとおり、RustはC言語やC++に代わる次世代システムプログラミング言語として開発され、C言語と同様の高速性を維持しつつ、メモリの安全性と信頼できる並列性を実現した言語です。本節では、Rustの歴史的背景や特徴を解説します。

1.4.1 Rustはオープンソース

Rustは非営利団体の**Mozilla Foundation**の支援のもとで開発されている**オープンソース**のシステムプログラミング言語です。Mozillaの名前はWebブラウザのFirefoxやメールクライアントのThunderbirdでも知られており、読者のみなさんも聞き覚えがあるのではないでしょうか。

オープンソースとは、インターネットなどに無償でソースコードを公開し、商用・

非商用を問わずプログラムを修正して配布できることを意味します。一見、ソースコードの無償公開は利益につながらないように思えますが、IT 産業ではオープンソースによって成功した例が多々あります。オープンソース化によって、当該分野における技術力を誇示するとともに企業・組織の発言力を増し、ひいては当該分野をリードすることができます。また、新技術に興味のある優秀な技術者を集めることもできます。

Rust の開発は 2006 年に始まり、Mozilla Summit 2010 で発表されました。次世代システムプログラミング言語と銘打っているだけあって、よく考えられた言語です。

1.4.2 型安全なプログラミング言語

型安全（**type safe**）とは、未定義の振る舞いがない性質のことを指します。

たとえば、int array[10] という配列へのアクセスを考えてみましょう。配列という概念をご存知でない方は、**図 1.5** を参照してください。配列はメモリ上の連続した領域にデータを保存するデータ構造です。int array[10] は配列の大きさが 10 であるため、プログラムは array[0] ~ array[9] が指す場所を参照することを想定しています。配列の範囲外へのアクセスは認められないので、もし array[99] などにアクセスした場合、エラーとして処理する必要があります。

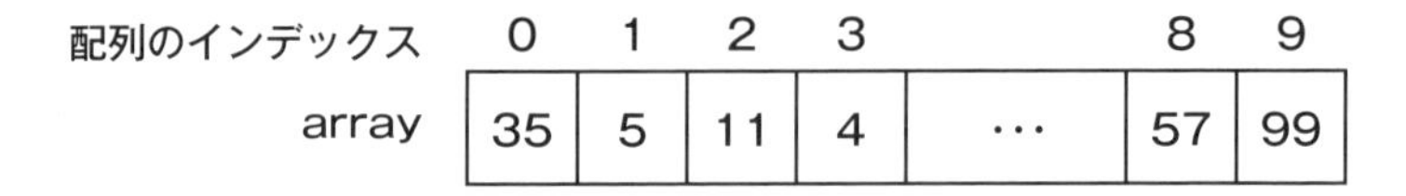

図 1.5　配列の概念

C 言語などの型安全でないプログラミング言語では、このようなバグをどのように処理するかを言語仕様では定義していません。これが未定義の振る舞いです。バグが起こったときに何が起こるか予期できず、運が悪ければ**セキュリティホール**になり得ます。バグによるセキュリティホールに関して詳しく知りたい方は、『コンピュータハイジャッキング[*1]』などの書籍を参照してください。

一方、型安全なプログラミング言語である Java や Python で同じことを試みると、**例外**（**exception**）が発生したことを検知します。すなわち言語仕様として、バグが発生したときの処理を定義してあるのです。そして、例外が発生したことを問題があったプログラムの呼び出し元に知らせます。これを「例外を投げる」といいます。その

*1　『コンピュータハイジャッキング』酒井和哉（著）／ 2018 ／オーム社

ため、バグのあるプログラムが実行された場合、コンピュータのプラットフォームにかかわらず例外が検知され、適切に処理されます。

型安全な言語を使ったからといって、バグによるセキュリティの問題を完全に解決できるわけではありません。型安全な言語の実装にバグがある場合、その機能を使うとセキュリティホールになり得るからです。

Rustは、JavaやPythonと同様に型安全な言語です。しかし、JavaやPythonはシステムプログラミング言語ではありません。そして、現在利用されているシステムプログラミング言語であるC言語やC++は型安全ではありません。すなわちRustは、唯一の型安全なシステムプログラミング言語なのです。

1.4.3 メモリの安全性

システムプログラミング言語は、その性質上、メモリをプログラマー自身で管理しなければなりません。プログラムの規模が大きくなると、このメモリの管理が非常に困難になってきます。

プログラム実行中には、さまざまなデータが生成され、処理されます。取り扱うデータによっては、どのくらいのメモリ容量が必要であるか事前にわかりません。たとえば、ユーザから文字列の入力を受け付ける場合、ユーザが入力した文字数によって、文字列を記憶するためのメモリ容量が異なります。このような場合、**ヒープ領域**と呼ばれるメモリの領域に、データ保存用の領域を確保します。

ヒープ領域内に保存したデータを**オブジェクト**と呼びます。確保した領域は、そのオブジェクトを使用しなくなったあとに解放しなければなりません。さらに、解放したオブジェクトがあった場所（アドレス）にアクセスするとバグが起こるため、アクセスしてはいけません。なお、メモリ領域の解放とは、あるデータを格納するために使用している領域に対して他のデータを保存できるようにすることです。プログラムの規模が大きくなってくると、ヒープ領域内のオブジェクトの管理が難しくなり、メモリ管理に起因するバグを誘発します。

一部のプログラミング言語では、**ガベージコレクション**と呼ばれる技術によって、使用されなくなったオブジェクトを自動的にメモリから解放します。プログラマーがメモリの管理をしなくて済むというメリットがありますが、Rustはガベージコレクションを良しとしません。ガベージコレクションの実行はコストが高く（プログラムの実行速度が遅くなる）、また、プログラマーが意図したタイミングでメモリ領域が解放されるわけではないからです。

Rustでは、ガベージコレクションに頼らずメモリの安全性を保証するために、所有権や参照などの概念を導入しました。これらの概念によって、コンパイル時にメモリ管理の安全性を厳格にチェックします。なお、具体的なメモリの使われ方に関しては第４章、所有権と参照については第５章で解説します。

1.4.4 信頼できる並列性

現代のコンピュータアーキテクチャでは、いかに効率的な並列処理を行うかが、演算処理の高速化に決定的な役割を果たします。CPU 利用の単位をスレッドと呼びますが、プログラミングレベルでは、このスレッドレベルでの並列化を行います。たとえば、**式 1.1** に示す行列の計算を考えてください。

$$\begin{pmatrix} a_{1,1} & a_{1,2} \\ a_{2,1} & a_{2,2} \end{pmatrix} = \begin{pmatrix} b_{1,1} & b_{1,2} \\ b_{2,1} & b_{2,2} \end{pmatrix} \times \begin{pmatrix} c_{1,1} & c_{1,2} \\ c_{2,1} & c_{2,2} \end{pmatrix} \tag{1.1}$$

行列の各要素は次のように計算できます。

$$a_{1,1} = b_{1,1} \times c_{1,1} + b_{1,2} \times c_{2,1} \tag{1.2}$$

$$a_{1,2} = b_{1,1} \times c_{1,2} + b_{1,2} \times c_{2,2} \tag{1.3}$$

$$a_{2,1} = b_{2,1} \times c_{1,1} + b_{2,2} \times c_{2,1} \tag{1.4}$$

$$a_{2,2} = b_{2,1} \times c_{1,2} + b_{2,2} \times c_{2,2} \tag{1.5}$$

並列化を行わない場合、1 つのスレッドが行列の各要素を順番に計算することになります。たとえば、**式 1.2** を計算してから**式 1.3** を計算するといった方法です。しかし、1 つずつ処理することは、あまり効率的とはいえません。

行列の各要素は互いに独立しているため、4 つのスレッドを生成して、各スレッドが $a_{1,2} \sim a_{2,2}$ の要素を並列に演算することが可能です。複数のスレッドが並列にデータを処理することをマルチスレッドと呼びます。

並列化のメリットはご理解いただけたと思いますが、マルチスレッドプログラミングによって新たな問題が生じます。それは、データの競合が起こり得ることです。データの競合とは、複数のスレッドが同じメモリ領域にあるデータへの読み書きを行うことによって生じる問題です。

たとえば、**図 1.6** に示す 2 つのプログラムを見てください。これは、銀行口座から同時にお金を引き落とすプログラムを想定しています。balance の初期値を 1,000 とし、プログラム 1 と 2 がぞれぞれ balance の値を 100 減らすとします。プログラム 1 と 2 が実行する読込みと書込みのタイミングによって、データの整合性が保てなくなる可能性があります。

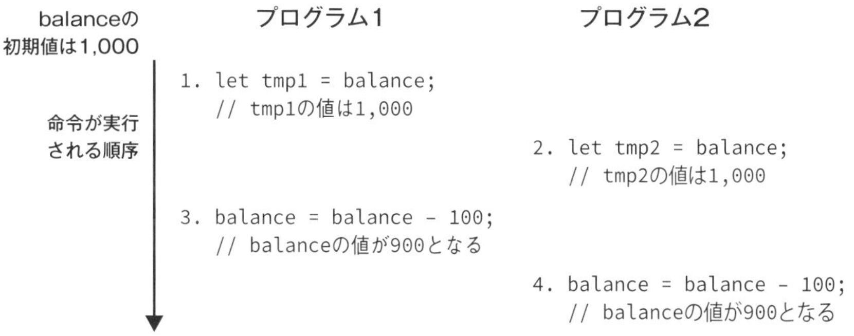

balanceの初期値は1,000

命令が実行される順序

プログラム1

```
1. let tmp1 = balance;
   // tmp1の値は1,000

3. balance = balance - 100;
   // balanceの値が900となる
```

プログラム2

```
2. let tmp2 = balance;
   // tmp2の値は1,000

4. balance = balance - 100;
   // balanceの値が900となる
```

図 1.6 データ競合の問題

本来であれば、プログラム実行後のbalanceの値は800になるはずです。しかし、プログラム1がbalanceの値を読み込んで値を更新する前に、プログラム2がbalanceの値を読み込みます。その結果、プログラム実行後のbalanceの値が900になります。これがデータ競合によって生じる問題です。

Rustでは、このようなデータ競合が起こらないことをコンパイル時にチェックします。

1.4.5 なぜRustなのか？

Rustを学ぶことは、セキュアプログラミングを学ぶことと同じです。ここでいうセキュアとは、「バグの少ないプログラム」という意味です。

従来のシステムプログラミング言語では、メモリの管理や並列化におけるデータ競合の問題回避は、すべてプログラマーの責任で行います。これに対して、Rustではコンパイル時に非常に厳しいチェックを行い、メモリの安全性と信頼できる並列性を保証することによって、可能な限りバグを取り除きます。よいソースコードでなければコンパイルすら通りません。すなわちRustを学ぶことによって、セキュアなプログラミングを学習することができるのです。

Chapter

2

準備

本章では、Rustを学ぶための準備としてRustのインストールと動作確認を行います。厳密には、Rustコンパイラと標準ライブラリをインストールします。本書では、オペレーティングシステムとしてmacOS High Sierra、またはWindows 10を使用します。
なお、本書で解説するソースコードは、macOSとWindows 10双方で動作することを確認しています。また、プログラム実行結果のログはmacOSでの出力結果をベースにしています。

2.1 macOS での Rust 開発環境の構築

macOS への Rust のインストール方法はいくつかありますが、本書では一番簡単な方法と思われる curl コマンドを用いたインストールを説明します。

2.1.1 Rust のインストール

curl とは「client for URLs」の略で、コマンドを入力することにより URL（インターネット上の Web ページの場所を一意に示すアドレス）にアクセスしてデータの送受信を行うプログラムです。Rust の配布先の URL を指定して curl コマンドを実行すると、必要なファイルが自動的にダウンロードされ、Rust のインストールが開始されます。

まずターミナルを起動させて、**ログ 2.1** の 1行目 に示す `curl https://sh.rustup.rs -sSf | sh` というコマンドを入力します。

> **COLUMN 「ログ 2.1 の補足」**
>
> ログ 2.1 の 1行目 の `macbook:ohm sakai` という文字列は、コンピュータ名が「macbook」、ワーキングディレクトリ（現在のディレクトリの場所）が「ohm」という名前のフォルダ、ユーザ名が「sakai」という意味です。この部分は実行環境によって異なります。
>
> また、1行目 のユーザ名（sakai）の右側にある `$` は、一般ユーザを示します。コンピュータの管理者であるスーパーユーザ（アカウント名は root）として実行していれば、この箇所が `#` となります。本書で解説するプログラムはすべて一般ユーザでコンパイルして実行するため、`$` となります。

ログ 2.1 macOS への Rust コンパイラのインストール

```
1 macbook:ohm sakai$ curl https://sh.rustup.rs -sSf | sh
2 info: downloading installer
3 ～中略～
4 1) Proceed with installation (default)
5 2) Customize installation
6 3) Cancel installation
7 >
```

7行目の > の箇所でいったん停止します。これはプロンプトと呼ばれるもので、ユーザにターミナルへの入力を促すものです。4行目～6行目にそれぞれ、1）インストールを続行、2）カスタマイズしてインストール、3) インストールを中断、という選択肢が表示されます。つまり、7行目で 1、2、3 のいずれかの数字を入力し、インストールを続行するか否かを指示します。

ここでは 1 と入力してください。そのあとの記録を**ログ 2.2** に示します。

ログ 2.2 macOS への Rust コンパイラのインストール（続き）

```
1  >1
2  ～中略～
3  Rust is installed now. Great!
4  
5  To get started you need Cargo's bin directory ($HOME/.cargo/bin) in
   your PATH
6  environment variable. Next time you log in this will be done
   automatically.
7  
8  To configure your current shell run source $HOME/.cargo/env
```

インストールが終了すると、3行目に示すように「Rust がインストールされました。グレート !」と表示されます。5行目～8行目の説明のとおり、インストール後にパスの設定をする必要があります。

2.1.2 環境変数の設定

インストールした Rust コンパイラなどは、ホームディレクトリの ./cargo/bin フォルダに保存されています。ターミナルからコンパイルコマンドを実行するためには、あらかじめ実行パスを設定しておく必要があります。ただし、ログ 2.2 の6行目の説明のとおり、一度ログアウトしてログインし直すと自動的に設定されます。

パスの設定は、ホームディレクトリの隠しファイルである .bash_profile に追加されます。.bash_profile を開くと、次のような文が見当たると思います。

```
export PATH="$HOME/.cargo/bin:$PATH"
```

パスの設定が終われば、Rust で記述したソースコードをコンパイルできる状態になります。念のため、設定を確認するための作業を**ログ 2.3** に示します。

ログ 2.3 パスの設定

```
1 macbook:~ sakai$ cd ~/
2 macbook:~ sakai$ vim .bash_profile
3 macbook:~ sakai$ source ~/.bash_profile
```

.bash_profile ファイルはホームディレクトリにあるため、1行目の cd コマンドでホームディレクトリに移動します。2行目のコマンドは、vim エディタと呼ばれるテキストエディタでファイルを開きます。前述のとおり、パスを追加してください。編集後はファイルを保存して終了し、3行目で示す source コマンドで設定を更新します。

Rust が正しくインストールされているかどうかを確認しましょう。ターミナルに `rustc --version` と入力してください。インストールが成功していれば、**ログ 2.4** に示すように、Rust のバージョンが表示されます。本書の執筆時点では、Rust のバージョンは 1.35.0 でした。

ログ 2.4 Rust がインストールされているか確認

```
1 macbook:ch3 sakai$ rustc --version
2 rustc 1.35.0 (3c235d560 2019-05-20)
```

2.1.3 最新版へのアップデート

最新バージョンへのアップデートは、rustup コマンドと update オプションで行います。**ログ 2.5** に例を示します。

ログ 2.5 最新版へのアップデート（macOS）

```
1 macbook:ohm sakai$ rustup update
2 info: syncing channel updates for 'stable-x86_64-apple-darwin'
3 ～省略～
4 stable-x86_64-apple-darwin updated - rustc 1.35.0 (3c235d560 2019-
  05-20)
```

コマンドを実行すると自動的にアップデートされ、最後に Rust のバージョンが表示されます。本書の執筆時点では、1.35.0 が最新版でした。

2.2 Windows での Rust 開発環境の構築

Windows で Rust 開発環境を構築するには C++ が必要です。先に Build Tools for Visual Studio をインストールして、そのあとに Rust をインストールします。なお、Build Tools for Visual Studio は Microsoft 社が配布している総合開発環境です。

2.2.1 Rust をインストールする前の準備

本書では、Build Tools for Visual Studio 2019 を Windows 10 にインストールする方法を説明します。PC は Surface Pro を使用していますが、Windows 10 であれば PC のメーカーや機種は問いません。

まず、Microsoft 社の Visual Studio ポータルのダウンロードページにアクセスします。

- **Visual Studio ポータル**
  https://visualstudio.microsoft.com/ja/downloads/

さまざまなツールがダウンロード可能ですが、総合開発環境は必要ありません。**図 2.1** に示すように、「すべてのダウンロード」から「Visual Studio 2019 のツール」を展開して、「Build Tools for Visual Studio 2019」のインストーラーをダウンロードします。

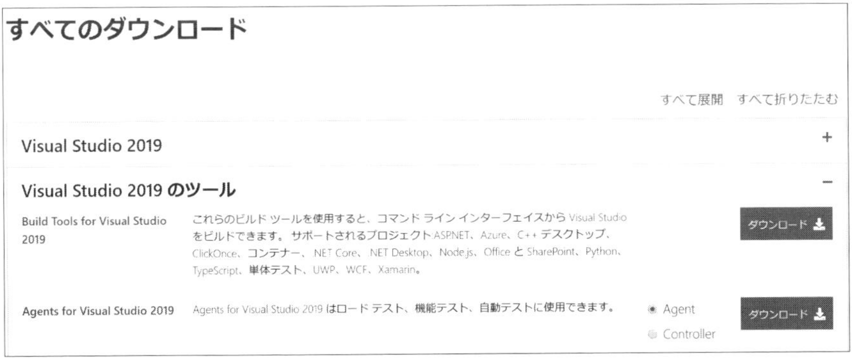

図 2.1　Build Tools for Visual Studio のダウンロード

ダウンロードしたインストーラー（実行ファイル）を起動すると、具体的に何をインストールするかを選択する画面が出ます。ここでは**図 2.2** に示すように「C++ Build Tools」を選択します。

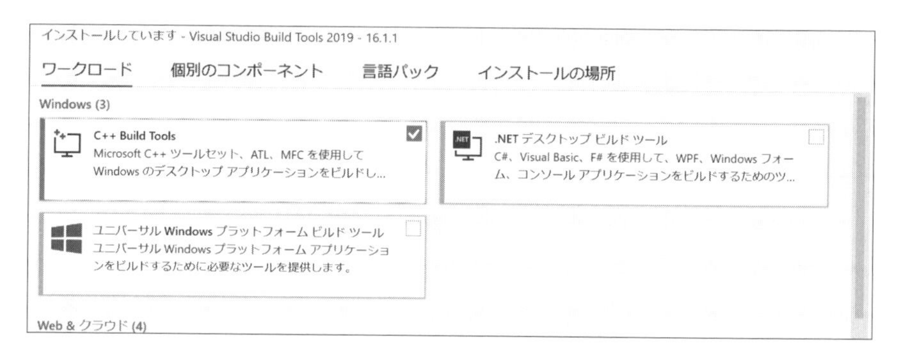

図 2.2　C++ Build Tools の選択

C++ Build Tools のインストールが終了すれば、いったん再起動の指示が出ます。再起動すると Build Tools for Visual Studio 2019 のインストールが終了します。

2.2.2 Rust のインストール

準備が整えば、Rust をインストールできます。Rust の公式サイトにアクセスして、トップページから「**rustup-init.exe**」をダウンロードします。

- **Rust 公式サイト**
  https://rustup.rs

執筆時点では、インストーラーをクリックすると警告が出ますが、実行しないと Rust をインストールできないので、無視して実行します。

インストーラーを実行するとコマンドプロンプトが起動し、Rust に関する情報が英語で表示されます。一部抜粋した内容を**ログ 2.6** に示します。

ログ 2.6 Windows 10 への Rust コンパイラのインストール

```
1 ～中略～
2 1) Proceed with installation (default)
3 2) Customize installation
4 3) Cancel installation
5 >
```

1を選び、Enterを押してインストールを進めます。インストールが完了したら、コマンドプロンプトが閉じられます。これで終了です。

コマンドプロンプトを起動して、実際にRustがインストールされているかどうかを確認しましょう。コマンドプロンプトは、アプリケーション一覧の「Windowsシステムツール」の中にあります。または、**図2.3**のように画面左下にcmdと入力して、コマンドプロンプトを起動することもできます。

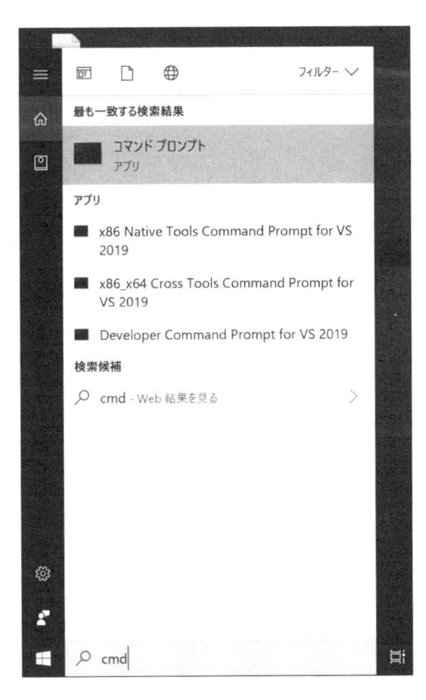

図2.3　コマンドプロンプトの起動

コマンドプロンプトに`rustc --version`と入力してください。インストールしたRustのバージョンが表示されます。作業内容を**ログ2.7**に示します。本書の執筆時点では、Rust 1.35.0が最新の安定版でした。

ログ2.7 Rustがインストールされているか確認

```
1  Microsoft Windows [Version 10.0.17134.648]
2 (c) 2018 Microsoft Corporation. All rights reserved.
3
4 C:¥Users¥sakai>rustc --version
5 rustc 1.35.0 (3c235d560 2019-05-20)
```

2.2.3 最新版へのアップデート

WindowsでRustをアップデートする場合は、コマンドプロンプトを起動して`rustup update`と入力します。アップデートがあるかどうかが確認されます。本書の執筆時点では、5行目に示すとおりunchanged（インストールされているバージョンが最新版なので更新しない）と表示されました。

ログ2.8 最新版へのアップデート（Windows 10）

```
1  C:¥Users¥sakai>rustup update
2  info: syncing channel updates for 'stable-x86_64-pc-windows-msvc'
3  info: checking for self-updates
4  
5    stable-x86_64-pc-windows-msvc unchanged - rustc 1.35.0 (3c235d560
   2019-05-20)
```

もしアップデートに失敗するようであれば、再起動してから再度アップデートを試してください。

2.3 動作確認

本節では、Rustコンパイラの動作確認を行います。ターミナルに「Hello, the Rust's world!」と表示される簡単なソースコードを記述し、コンパイルを行い、プログラムを実行します。

なお、本書の検証では、ホームディレクトリにohmという名前のフォルダを作成し、その中でソースコードの作成やコンパイル作業を行っています。

2.3.1 RustでHello world

Rustのソースコードファイルの**拡張子**は一般に「rs」が用いられます。本書では、ソースコードを管理するためにohmフォルダ内に「ch2」という名前のサブフォルダを作成し、その中に「helloworld.rs」という名前の空のファイルを作成します。したがって、ソースコードの保存場所は「~/ohm/ch2/helloworld.rs」となります。

ソースコード2.1に「Hello, the Rust's world!」と表示させるプログラムを示します。

ソースコード 2.1 Rust による Helloworld プログラム

ファイル名「~/ohm/ch2/helloworld.rs」

```
1  fn main() {
2      println!("Hello, the Rust's world!");
3  }
```

ソースコードの概要

1行目 main() 関数の定義

2行目 println! マクロでターミナルに文字列を表示

Rust では、C 言語や C++、Java と同様に main() 関数から処理を開始します。したがって必ず main() 関数を定義する必要があります。1行目の `main` の前にある `fn` は、関数を意味する「function」の略です。

2 行目の println! マクロで、「Hello, the Rust's world!」という文字列をターミナルに表示します。プログラミング経験者であれば予想がつくと思いますが、print という名前のとおり、このマクロは標準出力（ここではターミナルが標準出力）に文字列を出力します。「ln」は line を意味し、1 行の文字列を出力して改行します。

println! のエクスクラメーションマーク「!」は、プログラミング経験者でも見慣れないと思います。これはマクロを意味します。マクロとは、プログラム中の文字列をあらかじめ定義した規則にしたがって置換する機能のことです。つまり、`println!("Hello, the Rust's world!");` の箇所は、コンパイラによって標準出力に「Hello, the Rust's world!」と表示させるコードに変換されます。なお、マクロに関しては、第 3.7 節で解説します。

厳密な定義とマクロの理解は後回しにして、とりあえず「println! マクロを実行するとターミナルに文字列が出力できる」と考えてください。

2.3.2 ソースコードのコンパイル（rustc コマンド）

ソースコード 2.1 をコンパイルします。コンパイルコマンドは、**rustc** です。書式は、ソースコードを指定して `rustc ファイル名`となります。

ログ 2.9 にコンパイルコマンドの例を示します。

ログ 2.9 ソースコードのコンパイルコマンド

```
1  macbook:ch2 sakai$ rustc helloworld.rs
```

コンパイルすると、helloworldという名前のファイルが生成されます。この生成されたファイルが実行ファイルとなります。Windowsの場合は、helloworld.exeというファイル名になります。

デフォルトでは、実行ファイル名はソースコード名と同じになります。コンパイル時に-oオプションを加えると任意の実行ファイル名に変更できます。たとえば、`rustc -o objfile helloworld.rs`と入力してコンパイルすると、objfileという名前の実行ファイルが生成されます。ソースコード名と実行ファイル名が同じであるほうがわかりやすいので、本書では特にオプションを付けずにコンパイルを行います。

POINT 「リンクエラーの対処」

Windows 10でRustのソースコードをコンパイルをするときにリンクエラー(link.exe error)が検出された場合は、必要なリンカ(linker)が入っていないことが原因として考えられます。リンカのバージョンはVisual Studio 2013より新しいものである必要があります。再度、開発環境のインストールを見直してください。リンカとは、コンパイルで生成した機械語プログラムの断片を結合(link)して、そのプログラム単体で実行できるようにするプログラムです。

2.3.3 プログラムの実行

コンパイラによって生成した実行ファイルを動かしてみます。**ログ2.10**の**1行目**に示すように、ターミナルから`./helloworld`と入力するとプログラムを実行できます。一般的にプログラム実行の書式は**./実行ファイル名**となります。Windowsの場合は、ドットとバックスラッシュを省き`helloworld`と入力します。

ログ2.10 プログラムの実行

```
1 macbook:ch2 sakai$ ./helloworld
2 Hello, the Rust's world!
```

Helloworldプログラムを実行すると、2行目のように`Hello, the Rust's world!`という文字列がターミナルに表示されます。

2.3.4 ソースコード内のコメント

プログラミング言語におけるコメントとは、ソースコードを説明するために記述する文章です。そのため、コメント文は実行されません。コメント文はプログラムの実行には関係ありませんが、非常に重要です。プログラムの保守が容易になり、ほかの人に自分のソースコードを理解してもらいやすくなるからです。

Rust には、コメント文の記述方法がいくつかあります。前述の Helloworld プログラムにコメントを追加した**ソースコード 2.2** を見てください。

ソースコード 2.2 ソースコード内でのコメント

ファイル名「**~/ohm/ch2/comments.rc**」

```
1  //! モジュールの仕様を説明するためのドキュメンテーションコメントです。
2
3  /// 関数の使用を説明するためのドキュメンテーションコメントです。
4  fn main() {
5      /*
6       * Rust プログラムは main() 関数から処理されます。
7       */
8      println!("Hello, the Rust's world!"); // Hello, the Rust's
   world! と表示する。
9  }
```

1行目の //! と3行目の /// は**ドキュメンテーションコメント**と呼ばれるものです。ソースコードを配布したりするときなどに、仕様書として公開するドキュメントとなります。//! によるコメントは、モジュール全体の説明をするときに使用します。一方、/// によるコメントは、モジュール内の関数を説明するときに使用します。双方とも、//! または /// の直後から行端までがコメントとして扱われます。本書は入門書であるため、ドキュメンテーションコメントに関してそれほど意識する必要はありません。

5行目～7行目はすべてコメント文です。C 言語や C++、Java のプログラミング経験者はすでにご存知だと思いますが、/* と */ で囲んだ行がコメント文になります。複数の行にまたがってコメント文を記述したい場合に、ブロックとしてコメントを定義します。

8行目は、`println!("Hello, the Rust's world!"); // Hello, the Rust's world! と表示する。`となっていますが、// 直後から行端までの文章がコメント文になります。

本書で説明するソースコードでは可読性を上げるために、コメント文として /* ~ */ と // を用います。

Chapter

3

Rust の基本

本章では、Rust の文法を説明しながらプログラミングの基本を学習します。

3.1 変数

まず**変数**と**定数**について説明します。数学を例にとりますが、円周の長さは $2\pi r$ という公式から計算できます。ここで、ギリシャ文字である π は円周率を表し、アルファベットの r は円の半径を表します。

半径は固定ではなく、円によって長さが変化します。そのため r は変数と呼ばれます。一方、円周率は円にかかわらず固定値です。高校の教科書では、$\pi = 3.14$ と定義されています（最近では計算を簡略化するために、円周率を3として扱う場合もあるようです）。このような値を定数と呼びます。

円周率の例では、変数と定数の値は数値（正の実数）でした。プログラミングでは、整数や非負の整数、実数など、さまざまな値を変数や定数として扱うことができます。これを**型**（**type**）と呼びます。型の扱い方を間違えると致命的なセキュリティ問題が誘発される可能性があります。そのためRustでは、C言語やC++に比べて、型に関する規則が非常に厳しくなっています。

型については必要に応じて説明します。まず整数型から始めます。

3.1.1 変数束縛

変数の宣言は**let**というキーワードを用います。構文は次のとおりです。

構文 変数の宣言

```
let 変数名 = 値;
```

たとえば変数名をxとして、整数値の1で**初期化**したい場合、`let x = 1;`という書式になります。letが変数の宣言、xが変数名となります。プログラミングにおける**=**（**イコール**）は等しいという意味ではなく、**代入**するという意味になります。

letキーワードと変数名の間には半角スペースを入れます。半角スペースがないと、コンパイラが正しくソースコードを解釈できません。また、xとイコール記号と1の間に、それぞれ半角スペースを入れて見やすくしています。この箇所には半角スペースがなくてもコンパイルできますが、ソースコードの可読性の観点から、あったほうがよいでしょう。なお、ソースコード内ではデータとして扱う文字列以外はすべて半角です。

変数の型は、指定しなければコンパイラが自動的に決めます。`let x = 1;`の場合は整数型です。もちろん、明示的に型を指定することも可能です。型の指定方法に関しては、次節で説明します。

変数の型にかかわらず、変数の宣言はletから始まるため、C言語やC++の経験者は少し違和感があるかもしれません。「xの値を1とする」という日本語を英語にすると「Let x be 1」となります。そういう意味では、変数宣言の書式は英語という言語に近いといえます。

変数の例

ソースコード3.1に例を示します。変数xを宣言し、その値を**println!マクロ**で表示するプログラムです。

ソースコード3.1 変数の宣言

ファイル名「**~/ohm/ch3-1/var.rs**」

```
1 fn main() {
2     // 変数
3     let x = 1;
4 
5     // xの値を表示
6     println!("x = {}", x);
7 }
```

ソースコードの概要

3行目 変数xを宣言し、整数の1で初期化

6行目 xの値を表示

3行目で変数xを宣言し、整数の1で初期化します。**6行目**で、変数xの値を表示します。

println!マクロで変数を表示

println!マクロで変数の値を表示させたい場合は、**図3.1**に示すとおり、表示する文字列の一部に**プレースホルダー**と呼ばれる**波括弧{}**を入れます。そして、**カンマ**(,)で区切り、変数名を指定します。

この例ではマクロに2つの情報が渡されています。1つはプレースホルダーを含む文字列です。もう1つは変数xの変数名です。マクロに引き渡すデータを**引数**と呼びます。

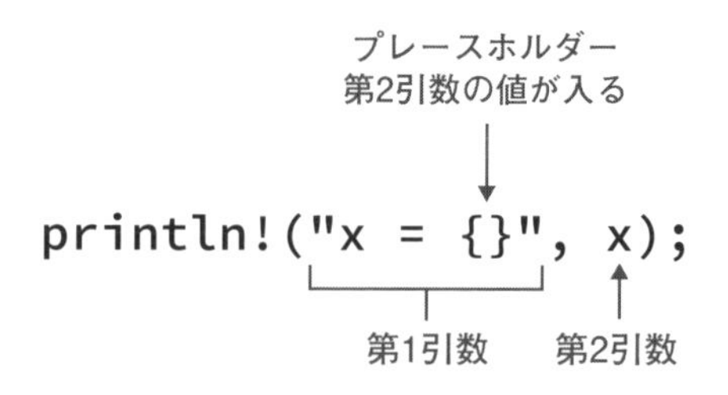

図 3.1　println! マクロの引数とプレースホルダー

コンパイルと実行

ソースコード 3.1 をコンパイルして実行した結果を**ログ 3.1** に示します。**なお、ターミナルには端末名とワーキングディレクトリとユーザ名（macbook:ch3-1 sakai$）が表示されますが、環境によって異なるため、以降は簡略化して「$」と表記します。**

ログ 3.1　var.rs プログラムの実行

```
1  $ rustc var.rs
2  $ ./var
3  x = 1
```

ログの**1 行目**でソースコードをコンパイルし、**2 行目**でプログラムを実行します。すると**3 行目**に `x = 1` という文字列が表示されます。

ソースコード内の変数 x の値を変更して、再度コンパイルして実行してみてください。x の値に応じて実行結果が変化します。

Rust には**変数束縛**という概念があります。実は、`let x = 1;` と宣言した場合、以後 x の値は変更できません。そのため x は**定数**と扱われます。この点において、C 言語や C++ とは大きく異なります。値の変更を行うためには、可変変数として宣言します。

3.1.2 可変変数の宣言（mut キーワード）

プログラムの途中で値の変更が可能な変数を、**可変変数**と呼びます。可変変数は宣言時に mut というキーワードを用いて、値が変更可能な変数であることを明示的に指示します。

構文 可変変数の宣言

```
let mut 変数名 = 値;
```

たとえば、`let mut x = 1;` などです。英単語の mutable は日本語で変更可能を意味するので、キーワードが mut なのです。

それでは**ソースコード 3.2** を見てください。

ソースコード 3.2 可変変数の宣言

ファイル名「**~/ohm/ch3-1/mut.rs**」

```
1  fn main() {
2      // 変数を定義して表示
3      let mut x = 1;
4      println!("変更前：x = {}", x);
5  
6      // xの値を変更して表示
7      x = 100;
8      println!("変更後：x = {}", x);
9  }
```

ソースコードの概要

3行目 可変定数 x を宣言し、整数の 1 で初期化

7行目 x の値を 100 に変更

3行目で、可変変数 x を宣言し、整数の 1 で初期化します。**4行目**で、println! マクロを用いて x の値を表示します。この時点での x の値は 1 です。**7行目**で、可変変数 x に 100 を代入します。変数 x は、すでに宣言した変数なので、単純に `x = 100;` と記述します。**8行目**で再度、x の値を表示しますが、ここでは x の値は 100 となるはずです。

ソースコード 3.2 をコンパイルして実行した結果を**ログ 3.2** に示します。ソースコード 3.2 の**4行目**の println! マクロでは x の値が 1 となり、**8行目**の println! マクロでは x の値が 100 と表示されることが確認できます。

ログ 3.2 mut.rs プログラムの実行

```
1 $ rustc mut.rs
2 $ ./mut
3 変更前：x = 1
4 変更後：x = 100
```

3.1.3 定数（const キーワード）

プログラミングにおいて**定数**（**constant**）とは、一定の値に固有の名前を与えたものです。宣言時に指定した値で初期化し、その後は値を変更できません。

定数の定義には、const というキーワードを用います。また、必ず型を指定しなければなりません。書式は次のとおりです。

構文 定数の宣言

```
const 定数名: 型名 = 値;
```

定数名は、ほかで使っていない文字列であれば、プログラマー自身で決められます。一般的に定数の場合は大文字を用います。簡略化した円周率を定数として宣言する場合は、`const PI: i32 = 3;` などと定義するとよいでしょう。実数の扱い方をまだ説明していないので、ここでは円周率を 3 としています。

ソースコード 3.3 に定数の例を示します。円周率と半径から円周と面積を求めるプログラムです。

ソースコード 3.3 定数の宣言

ファイル名「**~/ohm/ch3-1/const.rs**」

```
1  fn main() {
2      const PI: i32 = 3;
3      let radius = 10;
4  
5      // 円周の計算
6      let cir = 2 * PI * radius;
7      println!("円周 = {}", cir);
8  
9      // 面積の計算
10     let area = PI * radius * radius;
11     println!("面積 = {}", area);
12 }
```

ソースコードの概要

2行目 定数PIを宣言し、3で初期化

3行目 変数radiusを宣言し、整数の10で初期化

6行目と7行目 円周を計算し、結果を表示

10行目と11行目 面積を計算し、結果を表示

2行目で定数PIを宣言し、整数の3で初期化します。**3行目**で変数radiusを宣言し、整数の10で初期化します。

6行目では、円周を計算するために$2\pi r$（πは定数PI、rは変数radius）を計算しています。**7行目**で計算結果を表示します。

10行目と**11行目**では、同じ要領で面積を計算して、計算結果を表示します。

ソースコード3.3をコンパイルして実行した結果を**ログ3.3**に示します。正しくプログラムが実行されていることが確認できます。

ログ3.3 const.rsプログラムの実行

```
1 $ rustc const.rs
2 $ ./const
3 円周 = 60
4 面積 = 300
```

変数束縛と定数の違い

Rustで**変数**を宣言した場合、デフォルトで**変数束縛**が適用され、初期値から値を変更することができません。この点では**定数**と同じですが、コンパイル時の扱い方が異なります。

定数は**インライン**化されます。インライン（テキストの中にあること）とは、その場所に展開することを意味します。たとえば、

```
let cir = 2 * PI * radius;
```

という命令は、コンパイル時に定数がインライン化され、次のように置き換えられます。

```
let cir = 2 * 3 * radius;
```

一方、radiusは、あくまで変数です。実行時には、変数が格納されているメモリ内のアドレスにradiusの値を確認します。

3.1.4 整数の演算

Rust ではさまざまな**演算子**が提供されていますが、ここでは簡単な 2 項演算を説明します。2 項演算とは、2 つの入力値をとって、1 つの演算結果を出力するものです。この入力値を**オペランド**と呼びます。

たとえば、y = x + 2 という式を考えてください。ここで x と y は変数です。プログラミングでは、x の値と 2 という整数を加算して、その結果を y に代入します。減算、乗算、除算も同様です。ただし、乗算の演算記号は *（アスタリスク）、除算の演算記号は /（スラッシュ）です。キーボードを見るとわかりますが、×と÷の半角文字はありません。また、剰余（除算の余り）の演算子は、%（パーセント）を用います。これらの記号は、ほとんどのプログラミング言語と同様です。

基本的な演算

では、実際に簡単な四則演算のプログラムを記述します。**ソースコード 3.4** を見てください。2 つの変数 x と y があり、各演算結果を可変変数 z に代入して表示するプログラムです。

ソースコード 3.4 変数の四則演算

ファイル名「**~/ohm/ch3-1/arithmetic1.rs**」

```
1   fn main() {
2       // 定数と変数を定義して表示
3       let x = 10;
4       let y = 3;
5       let mut z;
6
7       // 加算
8       z = x + y;
9       println!("{} + {} = {}", x, y, z);
10
11      // 減算
12      z = x - y;
13      println!("{} - {} = {}", x, y, z);
14
15      // 乗算
16      z = x * y;
17      println!("{} * {} = {}", x, y, z);
18
19      // 除算
```

```
20        z = x / y;
21        println!("{} / {} = {}", x, y, z);
22
23        // 剰余算
24        z = x % y;
25        println!("{} % {} = {}", x, y, z);
26    }
```

ソースコードの概要

- **8行目** x と y の値を加算して、結果を z に代入
- **12行目** x の値から y の値を減算して、結果を z に代入
- **16行目** x と y の値を乗算して、結果を z に代入
- **20行目** x の値を y の値で除算して、結果を z に代入
- **24行目** x の値を y の値で除算して、余った値を z に代入

3行目と**4行目**で変数 x と y を整数の 10 と 3 でそれぞれ初期化します。**5行目**で可変変数 z を宣言しますが、ここではまだ初期化を行いません。概要に示すとおり、演算を行い、その結果を println! マクロで表示します。

println! マクロに複数の変数の値を表示させる場合は、第 1 引数の文字列内に複数のプレースホルダーを設置します。第 2 引数以降にプレースホルダー分の引数を入力します。たとえば、ソースコードの**9行目**のように 3 つの変数 x、y、z の値を表示させる場合、プレースホルダーと引数の関係は**図 3.2** のようになります。

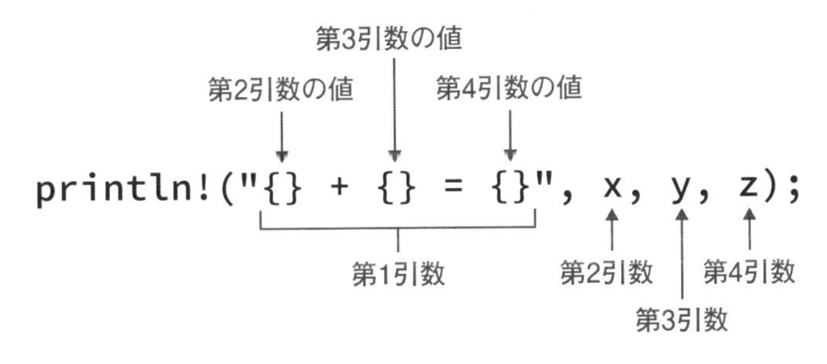

図 3.2 複数の引数の値を println! マクロで表示

ソースコード 3.4 をコンパイルして実行すると、**ログ 3.4** に示す結果が出力されます。

ログ 3.4 arithmetic1.rs プログラムの実行

```
$ rustc arithmetic1.rs
$ ./arithmetic1
10 + 3 = 13
10 - 3 = 7
10 * 3 = 30
10 / 3 = 3
10 % 3 = 1
```

加算、減算、乗算、剰余算に関しては、特に問題ないと思います。

6行目に示す10から3を除算した結果が3になっています。変数xとyは整数として扱われているため、可変変数zも整数となります。そのため小数点以下は切り捨てられて、zの値が3となります。

複雑な演算

次は、少し複雑な式を計算して結果を表示するプログラムを書いてみます。**ソースコード 3.5** を見てください。

ソースコード 3.5 複雑な式

ファイル名「**~/ohm/ch3-1/arithmetic2.rs**」

```
fn main() {
    // 定数と変数を定義して表示
    let x = (10 + 3) * 5 - (30 - 4) / 2;
    println!("x = {}", x);
}
```

ソースコードの概要

3行目 複数の整数と2項演算子からなる数式を計算して、結果で変数xを初期化

ソースコードの3行目に少し複雑な式が出てきました。値はすべて整数とします。どの演算子から計算するのでしょうか？

プログラミングでも数学と同じ順番に計算します。つまり、加算や減算よりも乗算や除算を優先します。また、括弧で囲んである場合は、その箇所を先に計算します。優先順位が同じ場合は、先に出てくる演算子が優先されます。

演算子の優先順位に関しては厳密に定義されていますが、直感的に見当がつくので、詳しくはRustの公式ドキュメント[*1]を参照してください。

それでは実際にどのように計算されるかを考えてみましょう。まず、`(10 + 3)`が評価され、次に`(30 - 4)`が評価されます。結果はそれぞれ13と26になります。そして、13*5が評価されて、次に26/2が評価されます。演算結果は、65と13となります。最後に式の真ん中にある減算が実行されて、65-13が評価されます。その結果、変数xは52という整数値で初期化されます。

実際にソースコード3.5をコンパイルして実行してみます。作業結果を**ログ3.5**に示します。想定どおり、変数xの値が52となっていることが確認できます。

ログ3.5 arithmetic2.rsプログラムの実行

```
1 $ rustc arithmetic2.rs
2 $ ./arithmetic2
3 x = 52
```

3.2 型

前節までに説明した例では、変数の種類として整数を扱っていました。プログラミングでは、実数や文字などさまざまな種類の変数を扱うことができます。これを**型**(**type**)と呼びます。

Rustでは、変数の型を明示的に示さなくてもコンパイラが推測して決めます。変数の型を明記しないといけない場合もありますが、その場合は必要に応じて説明します。

本節では、Rustでサポートされている基本的な型を説明します。

3.2.1 整数

まず整数型から説明します。プログラミングにおいて数値を扱う場合、ビット数が重要となってきます。8ビットの2進数を考えてください。1ビットで2つの情報を表すことができるので、8ビットあれば256個の数値を定義することができます。たとえば、00000101_2という2進数は、10進数では5となります。

ここで注意することは、整数の場合は、負の値も扱う必要があることです。コンピュータ内では、最上位の1ビットを符号として用います。具体的には、1ビット目

*1 https://doc.rust-lang.org/std/

が 0 ならその値は正の数、1 であれば負の数となります。

8 ビットの整数の例を**図 3.3** に示します。

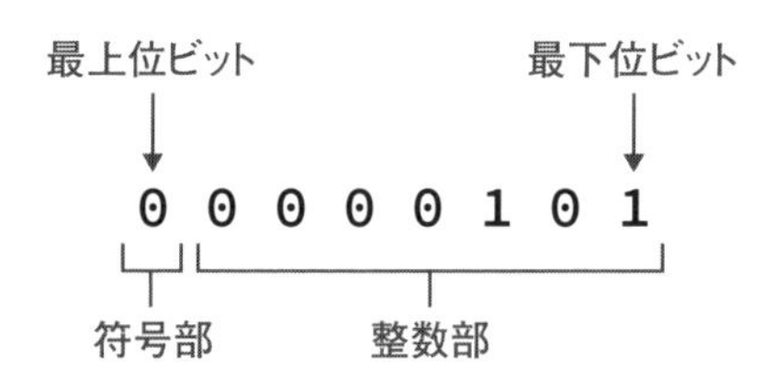

図 3.3 8 ビット整数の数値表現の例

コンピュータ内での負の数の表現は、補数などを用いるため少し複雑になっています。詳しくはコンピュータシステムに関する書籍などを参考にしてください。

ビット数によって扱える数値の範囲が異なってきます。8 ビットの整数の場合は、$-2^7 \sim 2^7-1$（-128 ~ 127）の値を扱うことができます。正の整数の数は負の整数の数よりも 1 つ少ないことに気づくと思います。理由は、+0 と -0 を区別しないため、-0 に相当するビット列が必要ないからです。

一般的には、整数は 32 ビットです。扱える整数の範囲は、$-2^{31} \sim 2^{31}-1$ となります。

型を指定しての変数宣言

変数を宣言するときに明示的に**型**を指定する場合は、次の書式になります。

構文 型の指定

```
let 変数名: 型
```

32 ビットの整数であれば、`let x: i32` となります。整数という単語は、英語では integer です。ビット数が 32 なので、i32 というキーワードは直感的ですね。**ソースコード 3.6** に例を示します。

ソースコード 3.6 整数型

ファイル名「**~/ohm/ch3-2/int.rs**」

```
1  fn main() {
2      let x :i32 = 1000000000;
3  
4      println!("x = {}", x);
5  }
```

ソースコードの概要

2行目 変数 x を 32 ビットの整数として宣言

ソースコード 3.6 をコンパイルして実行した結果を**ログ 3.6** に示します。32 ビットの整数型として宣言した変数の値を表示するだけの簡単なプログラムです。

ログ 3.6 int.rs プログラムの実行

```
$ rustc int.rs
$ ./int
x = 1000000000
```

さまざまな整数型

Rust では、整数型として 8 ビット～ 128 ビットの型が用意されています。各型のキーワードは、それぞれ i8、i16、i32、i64、i128 となります。なお、コンピュータ内では 2 進数を用いるので、ビット数は 2 のべき数である必要があります。また、Rust に限りませんが、他言語で作ったプログラムを呼び出す際には、型がどうなっているか注意してください。

また、符号なし整数型（unsigned int）も用意されています。符号なしの場合は、非負の整数（0 以上の整数）しか扱えません。取り扱える範囲は、32 ビットの符号なし整数型であれば、0 ～ $2^{32}-1$ です。各型のキーワードは、それぞれ u8、u16、u32、u64、u128 となります。

型については、本章の最後の節で表（**表 3.2**）にまとめてあります。

リテラル

ソースコード内に記述できる値（数値や文字、文字列など）のことを**リテラル**といいます。

これまで説明してきたソースコードでは単純に 10 進法で整数の値を設定していましたが、Rust では、ほかのプログラミング言語と同様に複数の整数の表記方法があります。2 進数（binary）の場合は、先頭に 0b（数字のゼロとアルファベットの b）を付けます。たとえば 10 進数の 25 をソースコード内で 2 進数表記するには、0b11001 となります。8 進数(octal)の場合は 0o(数字のゼロとアルファベットの o)、16 進数（hexadecimal）の場合は 0x（数字のゼロとアルファベットの x）を付けます。

ソースコード 3.7 に例を示します。4 つの変数を宣言し、10 進数、2 進数、8 進数、16 進数表記で初期化し、それぞれの値を 10 進数で表示します。

ソースコード 3.7 整数型のリテラル

ファイル名「**~/ohm/ch3-2/intalitaral.rs**」

```
1  fn main() {
2      let dec = 25;
3      let bin = 0b11001;
4      let oct = 0o31;
5      let hex = 0x19;
6  
7      println!("dec = {}", dec);
8      println!("bin = {}", bin);
9      println!("oct = {}", oct);
10     println!("hex = {}", hex);
11 }
```

ソースコードの概要

- **2 行目** 変数 dec を宣言し、10 進数表記で初期化
- **3 行目** 変数 bin を宣言し、2 進数表記で初期化
- **4 行目** 変数 oct を宣言し、8 進数表記で初期化
- **5 行目** 変数 hex を宣言し、16 進数表記で初期化

4 つの変数 dec、bin、oct、hex を宣言し、それぞれ 10 進数で 25 の値で初期化します。2 進数では 0b11001、8 進数では 0o31、16 進数では 0x19 になります。**7 行目**～**10 行目**で各変数の値を表示します。

コンパイルして実行した結果を**ログ 3.7** に示します。それぞれの表記での、10 進数での値が 25 となっていることが確認できます。

ログ 3.7 intalitaral.rs プログラムの実行

```
1  $ rustc intliteral.rs
2  $ ./intliteral
3  dec = 25
4  bin = 25
5  oct = 25
6  hex = 25
```

> **COLUMN 「2、8、16 進数の一般的な表記法」**
>
> n の値を 0 または 1 とした場合、2、8、16 進数は一般的に次のように表記します。
>
> ・2 進数：0bnnnnn または $nnnnn_2$
> ・8 進数：0onnnnn
> ・16 進数：0xnnnnn または &hnnnnn

3.2.2 浮動小数点数（f32 と f64 キーワード）

数学では、連続した数の体系を表す方法として**実数**があります。たとえば、小数点以下の値を表したい場合などです。しかし、0.1、0.01、0.001 などと実数を並べようとすると、実数は無限に存在することがわかります。限られたビット数で実数を扱う場合にはどうしたらよいのかという問題が生じます。コンピュータ内では、浮動小数点数と呼ばれる、実数を有限桁数の 2 進数として扱う方法があります。

浮動小数点数の書式は IEEE という学会によって標準化されています。**図 3.4** に 32 ビット浮動小数点数の書式を示します。浮動小数点数は、符号部、指数部、仮数部という 3 つの領域で定義されます。具体的な数値の符号化方法は、コンピュータシステムに関する書籍 *2 を参照してください。

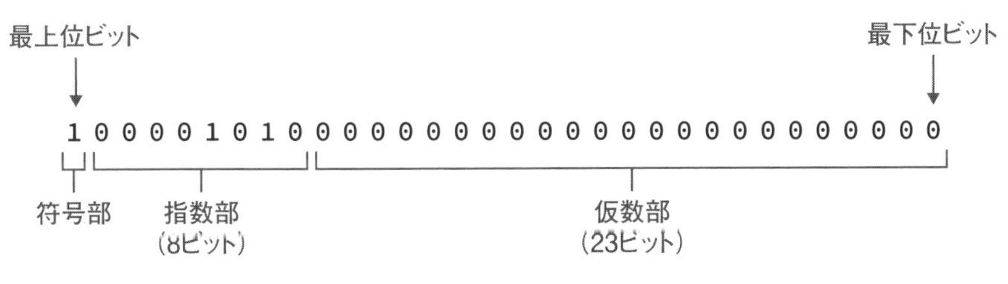

図 3.4 32 ビット浮動小数点数の数値表現の例

出力される値は、符号 (+/-) × 仮数部 × $2^{指数部}$となります。

浮動小数点数を扱うプログラム

浮動小数点を、英語では floating points と呼びます（FP と略して呼ぶことが多い

*2 『基本情報技術者標準教科書』大滝みや子、坂部和久、早川芳彦（著）／オーム社

です）。浮動小数点数のキーワードは、floatの頭文字を取ってf32またはf64です。それぞれ32ビットまたは64ビットを使用します。32ビット浮動小数点数が扱える範囲は、$1.175494 \times 10^{-38} \sim 3.402823 \times 10^{38}$です。また、64ビット浮動小数点数の場合は、$2.225074 \times 10^{-308} \sim 1.797693 \times 10^{308}$です。

具体的な例を**ソースコード3.8**に示します。変数の宣言は、`let a: f64;`などとし、初期化の数値は小数点付きで1000.0などとします。きりのよい数値でも小数点を付けなければいけないことに注意してください。また、数値が実数であれば、明示的に浮動小数点数の型を記述しなくてもコンパイラが推測します。

ソースコード3.8 浮動小数点数型

ファイル名「**~/ohm/ch3-2/fp.rs**」

```
1  fn main() {
2      let a: f64 = 1000.0;
3      let b: f64 = 33.0;
4      let c = 2.5;
5
6      let x = a / b;
7      let y = b / a;
8      let z = a / c;
9
10     println!("{} / {} = {}", a, b, x);
11     println!("{} / {} = {}", b, a, y);
12     println!("{} / {} = {}", a, c, z);
13 }
```

ソースコードの概要

- **2行目** 変数aを64ビットの浮動小数点数として宣言
- **3行目** 変数bを64ビットの浮動小数点数として宣言
- **4行目** 変数cを宣言、初期値が2.5なのでf64として扱われる
- **6行目〜8行目** 除算をして結果を格納
- **10行目〜12行目** 結果を表示

2行目と**3行目**の浮動小数点数は、f64と型を明記して宣言しています。一方、**4行目**の変数cは型を明記していませんが、初期値が2.5なのでf64型として解釈されます。Rustでは、浮動小数点数の場合は、デフォルトで64ビットの型として解釈されます。

浮動小数点数の除算の実行と誤差

ソースコード 3.8 をコンパイルして実行してみましょう。宣言した 3 つの変数から計算した、a/b、b/a、a/c の計算結果がそれぞれ表示されます。作業内容を**ログ 3.8**に示します。

ログ 3.8 fp.rs プログラムの実行

```
1 $ rustc fp.rs
2 $ ./fp
3 1000 / 33 = 30.303030303030305
4 33 / 1000 = 0.033
5 1000 / 2.5 = 400
```

3行目～5行目にそれぞれの計算結果が表示されます。4行目と5行目は割り切れる計算式なので、特に違和感はないと思います。一方、3行目の 1000.0 は 33.0 で割り切れないので、小数点以下が永遠に続いていくはずです。しかし、コンピュータが扱えるビット数は有限なので、誤差が発生します。実際、3行目を見ると小数点の最後の桁が 5 となっており、誤差が発生しています。このように浮動小数点数も、たいていは無視できる小さな値ではありますが、誤差が発生します。

誤差に関する詳細は、プログラミング言語に関する話題から外れるので、コンピュータシステムに関する書籍などを参考にしてください。

3.2.3 ブール型（bool キーワード）

数学の世界では、**論理演算**を扱うために**ブール代数**という代数体系があります。プログラミング言語でも論理演算を扱うことができ、これを**ブール型**（bool）または**ブーリアン型**（boolean）と呼びます。論理演算であるため、ブール型で使用できる値は、**true**（**真**）または **false**（**偽**）のいずれかです。

ブール型のキーワードは bool です。なお、初期値が true または false であれば、自動的にブール型として推測されます。

ソースコード 3.9 に、ブール型の変数を宣言して値を表示するプログラム例を示します。

ソースコード 3.9 ブール型

ファイル名「**~/ohm/ch3-2/bool.rs**」

```
1 fn main() {
```

```
2         // ブール型の値はtrueまたはfalse。
3         let x: bool = true;
4         let y = false;
5 
6         println!("x = {}", x);
7         println!("y = {}", y);
8     }
```

ソースコードの概要

3行目 変数 x を宣言して、true で初期化

4行目 変数 y を宣言して、false で初期化

変数 x は明示的にブール型であることを宣言して、true で初期化しています。一方、変数 y は型を指示していませんが、初期値を false にしているため、自動的にブール型であると解釈されます。

ソースコード 3.9 をコンパイルして実行した結果を**ログ 3.9** に示します。変数 x と y がそれぞれ設定した値になっていることが確認できます。

ログ 3.9 bool.rs プログラムの実行

```
1 $ rustc bool.rs
2 $ ./bool
3 x = true
4 y = false
```

3.2.4 文字（char キーワード）

多くのプログラミング言語と同様に、Rust でも**文字**（**character**）をデータとして扱うことができます。アルファベットや記号、数字だけでなく、ひらがなや漢字も扱えます。

ここで注意していただきたいのは、文字と文字列は異なるデータ型であり、その扱い方が概念的に異なるということです。文字は言葉のとおり、1 つの文字からなるデータです。これに対し、文字列は複数の文字からなるデータです。文字列については第 4 章で説明します。

文字型の宣言

文字型データの初期化に使用する文字は '（**シングルクォート**）でくくります。た

とえば、`let c: char = 'A'` と宣言すると、変数 c はアルファベットの A で初期化されます。文字であることを明示的に示すには、char というキーワードを指定しますが、シングルクォートでくくると文字として認識されるため、省略しても構いません。

もちろん、整数も文字として使用できます。`let c: char = '1'` などと宣言すれば、変数 c は 1 という文字となります。ただし 2 つ以上の数字を並べると、それは文字列になりますので注意してください。たとえば整数の 10 は、1 と 0 の 2 文字からなる文字列として解釈されます。

特殊文字

特殊文字も用意されています。たとえば、**改行**（**new line**）を示す **\n**（バックスラッシュとアルファベットの n）などです。文字列 \n を出力すると、改行されます。一般に Windows では、バックスラッシュの代わりに ¥（半角の円マーク）で表示されます。ほかにもさまざまな特殊文字がありますが、必要に応じて覚えていくのがよいでしょう。

文字型の例

文字を用いたプログラムの例を**ソースコード 3.10** に示します。8 個の文字を宣言し、それらを表示するプログラムです。

ソースコード 3.10 文字型

ファイル名「~/ohm/ch3-2/char.rs」

```
1  fn main() {
2      let c1: char = 'O';
3      let c2: char = 'h';
4      let c3: char = 'm';
5      let c4: char = '\n';
6      let c5 = 'R';
7      let c6 = 'u';
8      let c7 = 's';
9      let c8 = 't';
10     println!("{}{}{}{}{}{}{}{}", c1, c2, c3, c4, c5, c6, c7, c8);
11 }
```

ソースコードの概要

- **2行目** 変数 c1 を宣言して、アルファベットの O で初期化
- **3行目** 変数 c2 を宣言して、アルファベットの h で初期化
- **4行目** 変数 c3 を宣言して、アルファベットの m で初期化
- **5行目** 変数 c4 を宣言して、改行文字で初期化
- **6行目** 変数 c5 を宣言して、アルファベットの R で初期化
- **7行目** 変数 c6 を宣言して、アルファベットの u で初期化
- **8行目** 変数 c7 を宣言して、アルファベットの s で初期化
- **9行目** 変数 c8 を宣言して、アルファベットの t で初期化

2行目～**9行目**で、変数を宣言して、文字を格納しています。初期値をシングルクォートで囲んでいるため、**char 型**を指定しなくてもコンパイラが推測してくれます。**10行目**で、8 つの文字型変数の値を出力し、Ohm と Rust という文字列が表示されます。

ソースコード 3.10 をコンパイルして実行した結果を**ログ 3.10** に示します。`Ohm` と表示され、いったん改行されます。次の行に `Rust` と表示されるはずです。

ログ 3.10 char.rs プログラムの実行

```
1 $ rustc char.rs
2 $ ./char
3 Ohm
4 Rust
```

3.2.5 タプル

タプル型（**tuple**）とは、**図 3.5** に示すように 1 つの変数に複数のデータを、それぞれのデータ型で格納できる型です。Rust などのモダンなプログラミング言語はタプル型をサポートしていますが、C 言語や Java では標準でサポートされていません。手軽で直感的に利用できる便利なデータ型なので、ぜひ覚えておきたいところです。

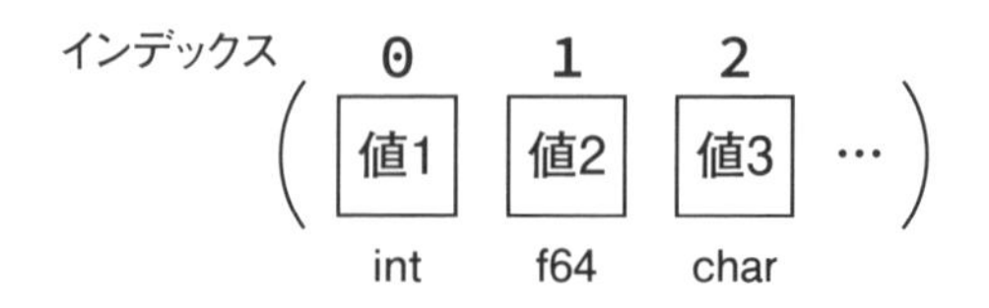

図 3.5 タプル型の例

タプル型での組み合わせ可能なデータ数に制限はありません。タプル型データの要素の型はすべて同じである必要もありません。たとえば、1つ目の要素が整数型で2つ目の要素が浮動小数点数型という組み合わせもできます。

タプル型の書式

たとえば平面上の点（point）を表すデータを考えてください。点は横軸と縦軸の座標から構成されるため、一般的には (x, y) という書式で点を表します。それぞれの座標値を記録するための変数xとyを宣言することによって、プログラミング上で点を表現できます。(10, 25) という点であれば、`let x = 10; let y = 25;` となります。簡略化のために座標がとり得る値は整数としています。

タプル型の書式は次のとおりです。

構文 タプル型の変数の宣言

```
let 変数名 = (値1, 値2, 値3 ...);
```

括弧で囲み、データをカンマで区切ります。2つの整数からなる平面上の点をタプルで表す場合は、`let p = (10, 25);` とすればよいのです。記述がかなり簡単になりました。

タプル型データの各要素にアクセスするには、**変数名.インデックス**という書式でアクセスします。この例の場合は、`p.0` と記述すると1つ目の要素である10を指し、`p.1` とすると2つ目の要素である25を指します。なお、一般的にプログラミング言語では、インデックスは0から始まります。

タプル型の要素へのアクセス

タプル型で宣言した変数の**要素**へのアクセスは、**変数名.インデックス**という方法でアクセスできることを説明しました。これ以外の方法もあります。

2つの整数を要素にもつタプル型変数を `let p = (10, 25)` とします。各要素を変数に格納したいとき、`let (x, y) = p;` とすれば、変数xに `p.0`、変数yに `p.1` がそれぞれ格納されます。変数pがタプル型なので、左辺の変数宣言では2つの変数名を括弧で囲んでいます。また、左辺側の変数名の宣言時に型の指定を行っていません。これは変数pの各要素と同じ型になるからです。

一部の要素だけ取り出したい場合には、不必要な要素に対応する変数名を _（アンダーバー）にします。たとえば、先ほどの例で2つ目の要素だけ取り出したい場合であれば、`let (_, y) = p;` と記述します。変数pの1つ目の要素は無視され、2つ目の要素の値が変数 y に格納されます。

タプル型の例

ソースコード 3.11 に例を示します。さまざまなタプル型を宣言して、その値を表示するプログラムとなっています。

ソースコード 3.11 タプル型

ファイル名「**~/ohm/ch3-2/tuple.rs**」

```
1  fn main() {
2      // 平面上の点 (x, y)
3      let p = (10, 25);
4      println!("(x, y) = ({}, {})", p.0, p.1);
5
6      // 3次元空間上の点 (x, y, z)
7      let q = (5, 10, 30);
8      println!("(x, y, z) = ({}, {}, {})", q.0, q.1, q.2);
9
10     // 異なる科目の評価と合否 (Math, English, Verbal, Result)
11     let s = (80, 90, 85, true);
12
13     // それぞれの要素を取り出して変数に格納する
14     let (math, english, verbal, result) = s;
15     println!("(数学、英語、国語、合否) = ({}, {}, {}, {})", math,
   english, verbal, result);
16
17     // 必要な要素だけ取り出して変数に格納
18     let (_, _, _, result2) = s;
19     println!("合否 = {}", result2);
20
21 }
```

ソースコードの概要

- **3 行目** 2 つの整数 (10,25) からなるタプル型を宣言し、初期化
- **7 行目** 3 つの整数 (5,10,30) からなるタプル型を宣言し、初期化
- **11 行目** 3 つの整数 (80,90,85) と 1 つのブール型 (true) からなるタプル型を宣言し、初期化
- **14 行目** タプル型の要素を取り出して、1 つずつ変数に格納
- **18 行目** タプル型の一部の要素だけを取り出して、変数に格納

3行目で2つの整数からなるタプル型の変数pを宣言し、4行目で変数pの各要素を表示しています。7行目のタプル型の変数qも同様です。3つの整数からなるタプル型の変数を初期化して、8行目で各要素を表示しています。

11行目から少しややこしくなってきます。3つの科目の点数と合否を表すために、3つの整数と1つのブール型からなるタプル型の変数sを宣言し、(80, 90, 85, true)として初期化します。14行目で各要素を取り出すために、整数型の変数を3つ、ブール型の変数を1つを宣言します。各科目に対応する整数型の変数名は、math、english、verbalとし、合否に対応するブール型の変数名はresultとします。それぞれの変数にタプル型の変数sの要素が格納されるので、15行目でそれらを表示します。

18行目では、変数sに格納されている4つ目の要素（ブール型の値）だけを取り出すために、変数result2を宣言し、タプル型の変数sで初期化しています。変数sの1～3つ目の要素は無視します。19行目で、変数result2の値を表示しています。

ソースコード3.11をコンパイルして実行した結果を**ログ3.11**に示します。意図したとおりにプログラムが動作していることが確認できます。

ログ3.11 tuple.rsプログラムの実行

```
1  $ rustc tuple.rs
2  $ ./tuple
3  (x, y) = (10, 25)
4  (x, y, z) = (5, 10, 30)
5  (数学、英語、国語、合否) = (80, 90, 85, true)
6  合否 = true
```

3.3 条件分岐

プログラムはソースコードに記述された順番に実行されますが、時と場合によって異なる処理を実行したり、同じ処理を繰り返したりします。このようにプログラム実行の流れを制御する仕組みを、**制御構造**と呼びます。

本節では制御構造の中でも最も基本的な**条件分岐**（**conditional branch**）を説明します。条件分岐とは、ある条件（condition）が真（true）のときに、ある命令文（statement）を実行する文法です。

たとえば銀行のATMを考えてください。預金を引き出すときは、4桁の暗証番号を入力しなければいけません。プログラムの制御フローは**図3.6**のようになります。

1 2 3 4 5 6

口座に関連付けられた登録済みの暗証番号と、ATMから入力された暗証番号を比べます。暗証番号が正しければ、引き落とし処理を続行します。もし、暗証番号が間違っていれば、処理を中断します。ここで「条件」とは、正しい暗証番号と入力された暗証番号が正しいか否かです。条件文はブール型（trueまたはfalse）で評価されます。

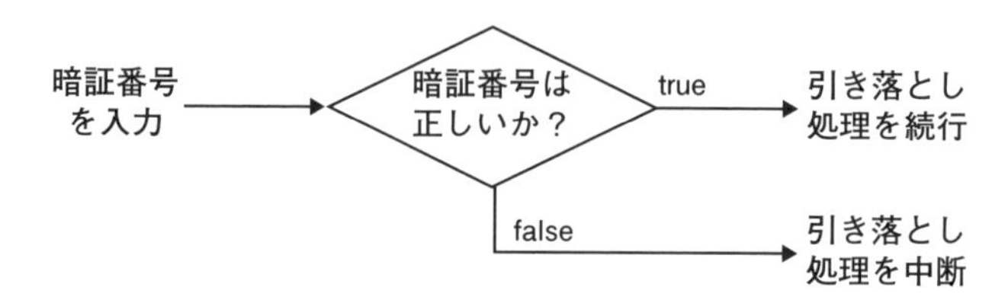

図3.6　ATMの引き出し処理における条件分岐の例

条件分岐には複数の文法がありますが、本節では基本的なif分岐構造を用いた文法を説明します。

3.3.1 if分岐構造

if分岐構造は、もし**条件**が真であれば、ある処理を実行するという文法です。書式は次のとおりです。

構文 if分岐構造

```
if 条件式 {
    ブロック
}
```

if分岐構造の制御フローは**図3.7**のようになります。条件式がtrueのときに波括弧(brace)で囲まれたブロックを実行しますが、falseであればブロックは実行しません。ここでブロックは、1つ以上の命令文から成ります。

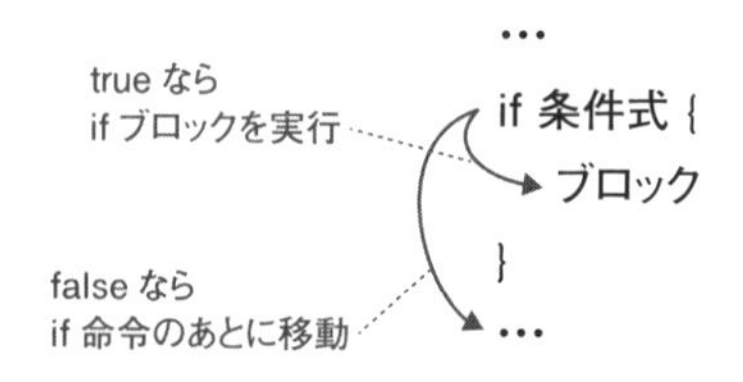

図3.7　if分岐構造の制御フロー

POINT　文と式

プログラミング言語では、値を生成しないコードを文（statement）、値を生成するコードを式（expression）と呼びます。Rust の if 分岐構造は、C 言語や Java と異なり、値を生成することができます。そのため、厳密には if 式と呼びます。本節では if 分岐構造を文として使用する例を示し、式としての if 分岐構造の使い方に関しては第 6.4 節で解説します

条件式

条件式はブール型で評価される文となります。一般的には、比較演算子を用います。たとえば、整数を保持する変数 x があるとします。変数 x が負の値のときにだけある処理を実行したい場合、条件式は `x < 0` と記述します。もし変数 x が 0 より小さければ、条件式は true と評価されます。

複数の演算子をもつ条件式の記述も可能です。たとえば整数を保持する変数 x と y があったとします。2 つの変数の合計が 100 以上であれば何らかの処理を行うものとしたい場合、条件式は `x + y >= 100` となります。

条件式自体が true または false でも構いません。たとえば、`if true { ブロック }` と記述すれば、必ずブロックが実行されます。一方、`if false { ブロック }` と記述すれば、ブロックは実行されません。制御構造的には意味がありませんが、文法上は可能です。

if 分岐構造の例

それでは実際に if 分岐構造の例を示します。**ソースコード 3.12** を見てください。変数 x の値によって異なる処理を実行するプログラムです。

ソースコード 3.12　if 分岐構造の例 その 1

ファイル名「**~/ohm/ch3-3/if1.rs**」

```
1  fn main() {
2      let x = 20;
3
4      if x > 10 {
5          println!("x = {}", x);
6          println!("xの値は10より大きいです。");
7      }
8
9      if (x + 30) >= 35 {
```

```
10          println!("x = {}", x);
11          println!("x+30の値は35以上です。");
12      }
13
14      if true {
15          println!("条件が真なので必ず実行されます。");
16      }
17  }
```

ソースコードの概要

- **4行目** もし変数 x の値が 10 よりも大きければ、**5行目**と**6行目**の命令文を実行
- **9行目** もし変数 x の値に 30 を加算した結果が 35 以上であれば、**10行目**と**11行目**の命令文を実行
- **14行目** 条件式が常に true なので、必ず**15行目**の命令文を実行

2行目で変数 x を宣言して、整数の 20 で初期化を行います。**4行目**の条件分岐では、条件式 20 > 10 は true と評価されるので、波括弧内のブロックにプログラムの制御が移ります。**5行目**で変数 x の値を表示するとともに、**6行目**で「x の値は 10 より大きいです。」と表示します。

9行目にある 2 つ目の条件分岐も同様です。まず (20 + 30) が 50 と評価されます。次に比較演算子が評価され、50 >= 35 なので、条件式は true です。ブロック内に入り、処理を実行します。

14行目の条件分岐は、条件式が true となっています。そのため、必ず波括弧内の処理が実行されます。

ソースコード 3.12 をコンパイルして実行してください。**ログ 3.12** のような結果が表示されます。変数 x の値を変更するなどして複数のパターンを確認すると、理解が深まると思います。なお、ソースコード内の値を変更した場合は、再度コンパイルしなければ変更が反映されないので注意してください。

ログ 3.12 if1.rs プログラムの実行

```
1  $ rustc if1.rs
2  $ ./if1
3  x = 20
4  xの値は10より大きいです。
5  x = 20
6  x+30の値は35以上です。
```

7 条件が真なので必ず実行されます。

論理演算子を用いた条件式

論理演算子とは**AND**や**OR**などです。AND演算子の記号は **&&**（アンパーサンドを2つ）、OR演算子の記号は **||**（バーを2つ）です。**論理反転**（または**否定**）を表す **!**（エクスクラメーションマーク）もあります。

AND演算子とOR演算子はオペランドを2つとり、条件式をtrueかfalseで評価します。AND演算子は**条件式1 && 条件式2**という書式になり、条件式1と条件式2がともにtrueのときに限り結果がtrueになります。OR演算子の書式は**条件式1 || 条件式2**であり、いずれかの条件式がtrueのときに結果がtrueになります。

論理反転の場合は1つしかオペランドをとらず、単純にtrueがfalse、falseがtrueになります。

ソースコード3.13に例を示します。

ソースコード3.13 if分岐構造の例 その2

ファイル名「**~/ohm/ch3-3/if2.rs**」

```
1  fn main() {
2      let x = 20;
3
4      if x > 10 && x < 30 {
5          println!("x = {}", x);
6          println!("xの値は10より大きい、かつ30より小さいです。");
7      }
8
9      if x <= 10 || x >= 30 {
10         println!("x = {}", x);
11         println!("xの値は10以下、または30以上です。");
12     }
13
14     if !(x < 0) {
15         println!("x = {}", x);
16         println!("xは非負の値です。");
17     }
18 }
```

ソースコードの概要

- **4行目** 変数 x が 10 より大きく、かつ 30 より小さいときに限り、**5行目**と**6行目**の命令文を実行
- **9行目** 変数 x が 10 以下、または 30 以上のときに、**10行目**と**11行目**の命令文を実行
- **14行目** 変数 x が非負の値（0 以上の値）の場合に限り、**15行目**と**16行目**の命令文を実行

2行目で、変数 x を宣言して整数の 20 で初期化をします。**4行目**の条件分岐では、2 つの条件式である 20 ＞ 10 と 20 ＜ 30 はともに true なので、条件式は true になります。その結果、ブロック内の命令文が実行され、変数 x の値と説明文が表示されます。

9行目の条件分岐では、OR 演算子(||)が用いられています。x の値が 20 であるため、どちらの条件も満たしません。したがって条件式は false になります。**10行目**と**11行目**の命令文は実行されず、スキップされます。

14行目の条件分岐は少しややこしいですが、まず (x ＜ 0) という条件式が評価されます。20 ＜ 0 は false です。次に !(false)という条件式が評価されます。その結果、条件式は true として評価されます。したがってブロック内の命令文が実行されます。

ソースコード 3.13 をコンパイルして実行した結果を**ログ 3.13** に示します。上記で説明したとおりの結果が得られると思います。変数 x の値や条件式を変更するなどして、プログラムの動きを確認し、理解を深めてください。

ログ 3.13 if2.rs プログラムの実行

```
1  $ rustc if2.rs
2  $ ./if2
3  x = 20
4  xの値は10より大きい、かつ30より小さいです。
5  x = 20
6  xは非負の値です。
```

3.3.2 if-else 分岐構造

if-else 分岐構造は、条件式が true のときに加え、false のときにも何らかの処理を行う条件分岐です。書式は次のとおりです。

構文 if-else 分岐構造

```
if 条件式 {
    ブロック1
} else {
    ブロック2
}
```

制御フローは**図 3.8** のようになります。もし条件式が true であれば、ブロック 1 内の命令文を実行し、false であればブロック 2 内の命令文を実行します。

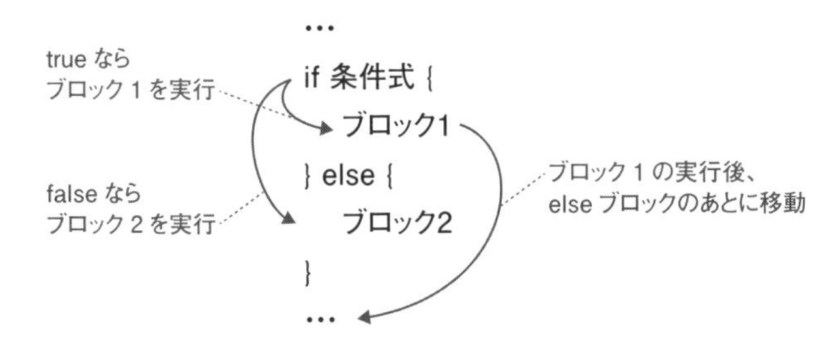

図 3.8 if-else 分岐構造の制御フロー

ソースコード 3.14 に例を示します。変数 x を整数で初期化して、値が 10 より大きいか否かによって出力する文字列を制御するプログラムです。

ソースコード 3.14 if-else 分岐構造

ファイル名「**~/ohm/ch3-3/if-else.rs**」

```
1  fn main() {
2      let x = 5;
3  
4      if x > 10 {
5          println!("x = {}", x);
6          println!("xの値は10より大きいです。");
7      } else {
8          println!("x = {}", x);
9          println!("xの値は10以下です。");
10     }
11 }
```

ソースコードの概要

4行目　変数 x が 10 より大きい場合、5行目と6行目の命令文を実行
7行目　変数 x が 10 以下の場合、8行目と9行目の命令文を実行

2行目で変数 x を宣言し、整数の 5 で初期化します。4行目の条件分岐では、5 > 10 は false となるので、else のブロック内の命令が実行されます。8行目で変数 x の値を表示し、9行目で説明文が出力されます。

ソースコード 3.14 をコンパイルして実行した結果を**ログ 3.14** に示します。意図したとおりにプログラムが動作していることが確認できます。変数 x の値を 10 より大きな値に設定したりして、プログラムの動作を確認してみてください。

ログ 3.14 if-else.rs プログラムの実行

```
1 $ rustc if-else.rs
2 $ ./if-else
3 x = 5
4 xの値は10以下です。
```

3.3.3 if-elseif-else 分岐構造

if-else 分岐構造では、条件式の結果に基づいて処理を if または else のいずれかのブロックに分岐していました。しかし、複数のブロックに分岐したい場合には適用できません。このような場合、**if-elseif-else 分岐構造**を用いて制御することができます。

たとえば、アメリカの大学の授業は 100 点スケールの素点を A ～ E のアルファベットに分類して成績をつけます。次の評価システムを考えてください。

・入力値：0 ～ 100 の点数
・出力値：90 以上は A、80 ～ 89 は B、70 ～ 79 は C、60 ～ 69 は D、59 以下は E

入力値から A ～ E の成績を出力するプログラムを考えてみます。if 分岐構造を何回も使うことによって成績を出力することは可能ですが、それでは芸がありません。ここで if-elseif-else 分岐構造を用います。

if-elseif-else 分岐構造の書式は次のとおりです。

構文 if-elseif-else 分岐構造

```
if 条件式 {
    ブロック1
} else if 条件式 {
    ブロック2
} else if 条件式 {
    ...
} else {
    ブロックn
}
```

制御フローを**図 3.9** に示します。真ん中の else if は何回でも記述できます。条件式は上から順番に評価されます。一度 true と評価されて波括弧のブロックに入ると、それ以降の else if 分岐構造は実行されません。

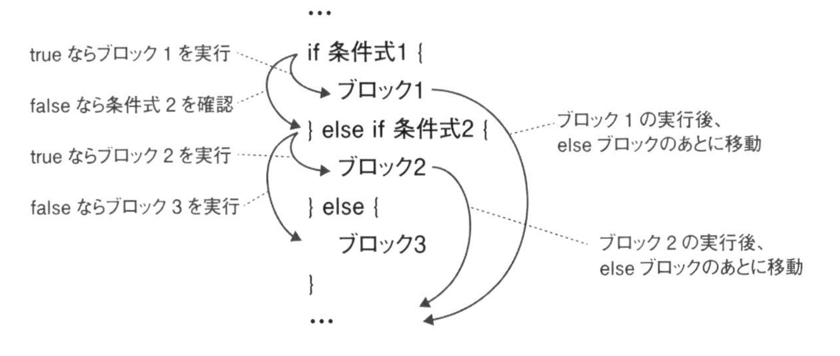

図 3.9 if-elseif-else 分岐構造の制御フロー

ソースコード 3.15 に例を示します。変数 score を宣言して、整数で初期化します。score の値に基づいて、成績評価を出力するプログラムです。

ソースコード 3.15 if-elseif-else 分岐構造

ファイル名「**~/ohm/ch3-3/if-elseif-else.rs**」

```
1  fn main() {
2      let score = 85;
3
4      if score >= 90 {
5          println!("成績はAです。");
```

```
6        } else if score >= 80 {
7            println!("成績はBです。");
8        } else if score >= 70 {
9            println!("成績はCです。");
10       } else if score >= 60 {
11           println!("成績はDです。");
12       } else {
13           println!("成績はEです。");
14       }
15   }
```

ソースコードの概要

- 2行目 変数 score を宣言し、整数の 85 で初期化
- 4行目 score の値が 90 以上あれば、5行目の命令を実行
- 6行目 score の値が 80 以上あれば、7行目の命令を実行
- 8行目 score の値が 70 以上あれば、9行目の命令を実行
- 10行目 score の値が 60 以上あれば、11行目の命令を実行
- 12行目 score の値が 59 以下なら、13行目の命令を実行

2行目で変数 score を宣言し、整数の 85 で初期化します。4行目の条件分岐では、条件式 85 >= 90 は false となるので、if 分岐構造のブロックはスキップされ、6行目に制御が移ります。2 つ目の条件分岐では、条件式が 85 >= 80 なので結果は true になります。ブロック内に入り、「成績は B です。」という文字列を表示します。残りの条件分岐はすべてスキップされます。

成績 B は点数が 80 ～ 89 なので、正確な条件式は `score >= 80 && score < 90` となります。しかし6行目の条件分岐の条件式を評価する前に、必ず4行目の条件分岐の条件式が確認されます。言い換えると、score の値が 89 以下でなければ、6行目の条件分岐に制御が移動しません。そのため、単純に score の値が 80 以上か否かを確認しています。

ソースコード 3.15 をコンパイルして実行した結果を**ログ 3.15** に示します。変数 score の値が 85 なので、成績は B と表示されます。score の値を変更して、複数のパターンを試してみましょう。

ログ 3.15 if-elseif-else.rs プログラムの実行

```
1  $ rustc if-elseif-else.rs
2  $ ./if-elseif-else
3  成績はBです。
```

今回の例では、if と elseif と else で 3 つのブロックに分岐しましたが、if と elseif だけ用いて else を省略するといったバリエーションも可能です。else を省く場合は次のような書式になります。

構文 else を省いた場合

```
if 条件式1 {
    ブロック1
} else if 条件式2 {
    ブロック2
}
```

3.4 繰り返し処理

同じような処理を繰り返して行いたい場合は、**ループ構造**（**loop structure**）によって簡単に記述できます。実は一般的なアプリケーションでは、コンピュータで実行する多くの計算処理が繰り返し構造によるものです。情報処理サービスで扱うデータは、ソフトウェア内では配列やリスト、木構造、キューなどのデータ構造に保存され、それらのデータに対して同じような処理を繰り返すことが多いからです。

本節では基本的なループ構造として、for ループ、while ループ、無限ループを解説します。

3.4.1 for ループ構造

0 から 9 の整数を出力するという極めて単純なプログラムを考えてみます。println! マクロを 10 回書けばよいのですが、同じような命令を何回も書くことは効率的ではありません。繰り返し回数が 100 回にもなれば、手に負えなくなってしまうでしょう。さらに、ソースコード記述時に繰り返し回数がわからない場合は対処できません。そこで、**for ループ**を用います。

for ループの書式

for ループの書式は、次のとおりです。

構文 for ループ構造

```
for 変数名 in 変数がとり得る範囲 {
    ブロック
}
```

変数iを0から9まで変化させたい場合は、`for i in 0..10 { ブロック }`と記述します。この場合、可変変数iの値が0から9まで1ずつ変化し、波括弧のブロックが10回繰り返されます。**ここで注意しなければならないのは、10は含まれないことです。**

このループ制御変数である可変変数iを**ループカウンタ**と呼びます。また、ループ処理を終え、以降のプログラムが実行されることを一般に「ループを抜ける」と表現します。

ループカウンタの値が0から9の場合の、for ループの制御フローを**図 3.10**に示します。

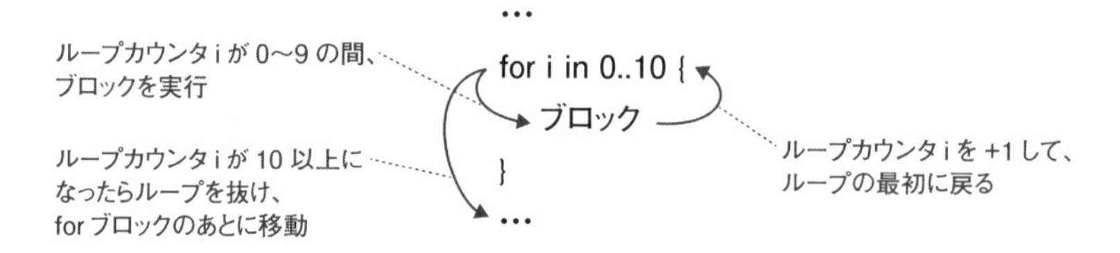

図 3.10 for ループの制御フロー

C 言語や C++、Java などの for ループとは書式が異なるので注意してください。これらの言語では、ループカウンタの値をプログラマーが操作していました。Rust では、これを許可しません。具体的にはイテレータという仕組みを用いますが、技術的な詳細を理解するにはコンパイラやデザインパターンなどの知識が必要なので割愛します。

まずは for ループの例を見て、使い方を覚えましょう。

for ループの例

ソースコード 3.16 に for ループの例を示します。0から9の整数を出力するプログラムです。

ソースコード 3.16 for ループ その 1

ファイル名「~/ohm/ch3-4/for1.rs」

```
1  fn main() {
2      for i in 0..10 {
3          println!("i = {}.", i);
4      }
5  }
```

ソースコードの概要

2行目 可変変数 i の値を 0 から 9 に変更して、波括弧内の命令文を合計 10 回実行

2行目で for ループが宣言されています。可変変数 i の値は 0 から 9 の整数値をとります。3行目の println! マクロが合計 10 回実行され、ループごとに i の値を表示します。

ソースコード 3.16 をコンパイルして実行した結果を**ログ 3.16** に示します。可変変数 i の値が表示されますが、意図したとおり 0 から 9 の整数値が 10 回表示されていることが確認できます。

ログ 3.16 for1.rs プログラムの実行

```
1  $ rustc for1.rs
2  $ ./for1
3  i = 0.
4  i = 1.
5  i = 2.
6  i = 3.
7  i = 4.
8  i = 5.
9  i = 6.
10 i = 7.
11 i = 8.
12 i = 9.
```

3.4.2 ネストループ構造

ループ構造の中に別のループ構造を入れることも可能です。これを**ネストループ**（**nested loop**）と呼びます。これを利用するのは、2 次元の配列にアクセスする場合

などです。配列に関しては第4.3節で解説します。

配列の概念をご存知でない方は、2次元の行列を考えてください。5×5の要素をもつ行列があったとします。各要素のインデックスを (i,j) とすると、合計で (0,0) ～ (4,4) の25個のインデックスがあります。ここで、すべてのインデックスを表示させるプログラムを考えてみます。

for ループを2回使用すれば、簡単にプログラムを記述することができます。**ソースコード3.17** にネストループの例を示します。

ソースコード3.17 for ループ その2

ファイル名「**~/ohm/ch3-4/for2.rs**」

```
1 fn main() {
2     for i in 0..5 {
3         for j in 0..5 {
4             println!("(i,j) = ({},{}).", i, j);
5         }
6     }
7 }
```

ソースコードの概要

2行目 可変変数iの値を0から4に変更して、3行目～5行目の命令文を合計5回実行

3行目 可変変数jの値を0から4に変更して、4行目の命令文を合計5回実行

2行目の for ループで可変変数iの値を0～4に変化させて、波括弧内のネストされた for ループを含むブロックを合計5回実行します。さらに3行目の for ループで可変変数jの値を0～4に変化させて波括弧内のブロックを5回実行します。

iの値が0のとき、ネストされた for ループ内でjの値が0～4に変化しますので、(0,0)、(0,1)、(0,2)、(0,3)、(0,4) という順番にiとjの値が変化します。

ネストされた for ループを抜けると、外側の for ループでiの値が1に更新されるので、今度は (1,0)、(1,1)、(1,2)、(1,3)、(1,4) という順番にiとjの値が変化します。

結果的に外側のループが5回、内側のループが5回実行されるので、4行目の println! マクロが合計25回実行されます。

ソースコード3.17をコンパイルして実行した結果を**ログ3.17**に示します。可変変数iとjの値が順番どおりに変化していることが確認できます。

ログ 3.17 for2.rs プログラムの実行

```
$ rustc for2.rs
$ ./for2
(i,j) = (0,0).
(i,j) = (0,1).
(i,j) = (0,2).
(i,j) = (0,3).
(i,j) = (0,4).
(i,j) = (1,0).
(i,j) = (1,1).
(i,j) = (1,2).
(i,j) = (1,3).
(i,j) = (1,4).
(i,j) = (2,0).
(i,j) = (2,1).
(i,j) = (2,2).
(i,j) = (2,3).
(i,j) = (2,4).
(i,j) = (3,0).
(i,j) = (3,1).
(i,j) = (3,2).
(i,j) = (3,3).
(i,j) = (3,4).
(i,j) = (4,0).
(i,j) = (4,1).
(i,j) = (4,2).
(i,j) = (4,3).
(i,j) = (4,4).
```

3.4.3 while ループ構造

while ループは、与えられた条件式が true である限り、繰り返し処理を行うループ構造です。for ループとの違いは、ループカウンタをプログラマーが制御する必要があることです。書式は次のようになります。

構文 while ループ構造

```
while 条件式 {
    ブロック
}
```

while ループの制御フローを**図 3.11** に示します。while ループでは、ループごとに条件式を確認します。

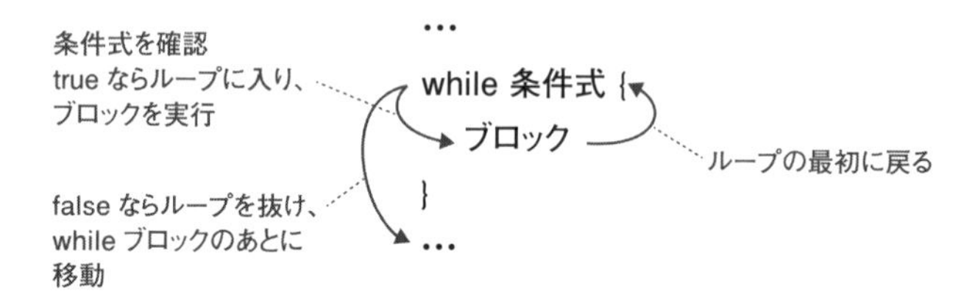

図 3.11　while ループの制御フロー

ソースコード 3.18 に示す while ループの例を見ていきます。for ループのソースコード 3.16 と同様に、0 から 9 の整数を出力するプログラムです。

ソースコード 3.18 while ループ

ファイル名「**~/ohm/ch3-4/while.rs**」

```
1  fn main() {
2      let mut i = 0;
3      while i < 10 {
4          println!("i = {}.", i);
5          i += 1;
6      }
7  }
```

ソースコードの概要

- **2 行目**　可変変数 i を宣言し、整数の 0 で初期化
- **3 行目**　i の値が 10 未満の間、繰り返し処理を行う while ループを宣言
- **5 行目**　ループカウンタ i を更新

2 行目で、ループカウンタとして用いる可変変数 i を宣言し、整数の 0 で初期化します。**3 行目**で while ループを宣言し、条件式を i < 10 とします。i の値が 10 より小さければ、波括弧内のブロックを実行します。**4 行目**の println! マクロで i の値を表示します。**5 行目**の `i += 1;` という命令文は、i = i + 1; と同じです。すなわち i の現在値に 1 を加算します。したがってループごとに i の値が 1 ずつ増えていきます。ループを 10 回繰り返したときに、条件式 i < 10 が false になり、ループを抜けます。

また、whileループでは、プログラマーがループカウンタを制御します。たとえば**5行目**の命令で、`i += 2;`などに変更すると、iの値が0、2、4というように増えていきます。ループカウンタの制御に誤りがあると、プログラムが終了することのない無限ループに陥る可能性があるので、注意してください。

ソースコード3.18をコンパイルして実行した結果を**ログ3.18**に示します。forループ（ソースコード3.16）の実行結果と同じになっているはずです。

ログ3.18 while.rsプログラムの実行

```
1  $ rustc while.rs
2  $ ./while
3  i = 0.
4  i = 1.
5  i = 2.
6  i = 3.
7  i = 4.
8  i = 5.
9  i = 6.
10 i = 7.
11 i = 8.
12 i = 9.
```

3.4.4 無限ループ

無限ループとは、永遠に同じ処理を繰り返すループ構造です。無限なので永遠に処理が終わらないことを意味します。何のために用いるのか疑問に思うかもしれませんが、無限ループを使用するアプリケーションは多々あります。たとえば、Webサーバでクライアントからのリクエストを受け付けるプログラムなどです。サーバプログラムが可動している間は永遠に接続を受け付けなければならないので、この場合、無限ループを用いて「クライアントからのネットワーク接続を受け付ける」という処理をループごとに行います。

whileループの条件式をtrueにすることによって、無限ループを実装できます。具体的には、`while true { ブロック }`と記述すれば、無限ループになります。

Rustでは、無限ループ用のループ構造が提供されています。次のように記述すれば、永遠に波括弧内のブロックが実行されます。

構文 無限ループ構造

```
loop {
    ブロック
}
```

Rustでは、他のプログラミング言語と同様に、意図的にループを抜けるキーワードが用意されています。breakという命令です。単純に`break;`と記述すれば、現在実行中のループを抜けます。キーワードを使用する場合は、一般的にif分岐構造と組み合わせます。

loop構造とbreak命令を用いたループ構造の制御フローを**図3.12**に示します。この図では、ある条件が満たされてbreak命令が実行されると、ループを抜けるという流れになります。

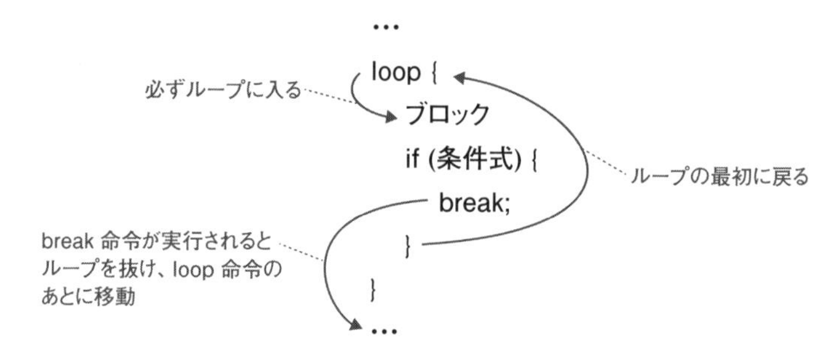

図3.12 loop構造による制御フロー

それでは**ソースコード3.19**に示すloopループの例を考えてください。0から8の整数値を出力するプログラムです。

ソースコード3.19 loopループ

ファイル名「**~/ohm/ch3-4/loop.rs**」

```
1  fn main() {
2      let mut i = 0;
3      loop {
4          println!("i = {}.", i);
5          i += 1;
6
7          if i == 9 {
```

```
8                 break;
9             }
10        }
11    }
```

ソースコードの概要

- **2行目** 可変変数 i を宣言し、整数の 0 で初期化
- **3行目** loop 構造で無限ループを宣言
- **5行目** ループカウンタを更新
- **7行目** もし可変変数 i の値が 9 であれば、次行の break 命令を実行してループを抜ける

2行目で、ループカウンタとして用いる可変変数 i を宣言して、整数の 0 で初期化します。**3行目**で無限ループを宣言し、**4行目**～**9行目**の処理を繰り返します。**5行目**でループカウンタの値を増加させます。**7行目**の条件分岐で i の値が整数の 9 と同じかどうかを確認します。もし 9 であれば、if ブロックの中に入り、break 命令を実行します。この場合、無限ループを抜けます。i の値が 9 以外であれば、ループを繰り返します。

可変変数 i の値は 0 で初期化され、ループごとに 1 増加するので、loop ブロックは 9 回繰り返されます。そして i の値が 8 から 9 に増加したときにブロックの最後の条件分岐でループを抜けます。

ソースコード 3.19 をコンパイルして実行した結果を**ログ 3.19** に示します。for ループや while ループとは記述方法が異なりますが、同じようなことが実現できます。

ログ 3.19 loop.rs プログラムの実行

```
1   $ rustc loop.rs
2   $ ./loop
3   i = 0.
4   i = 1.
5   i = 2.
6   i = 3.
7   i = 4.
8   i = 5.
9   i = 6.
10  i = 7.
11  i = 8.
```

もし意図せずに無限ループに陥るとプログラムが永遠に稼働し続けます。その場合は、キーボードのコントロールキーを押しながらCを押して、プログラムを強制終了してください。なお、コントロールキーとはWindows PCでは「Ctrl」、Macでは「control」の刻印があるキーのことです。

3.5 関数

プログラミング言語において**関数**（**function**）とは、まとまった処理を記述するブロックとなります。数学の関数のように、入力値に対して出力値を計算するよりも多くのことができます。また、main関数も関数の一種です。プログラムを実行するとmain関数に記述されている命令が順次実行されます。

複数の処理を行うプログラムで、すべての処理をmain関数に記述しようとすると同様のコードを何回も記述しなければなりません。また、非常に複雑になります。たとえば**図3.13**に示すように、main関数内で処理A、処理B、処理Aという順番に実行するプログラムがあったとします。この場合、処理Aのコードを2回記述する必要があり、効率的ではありません。

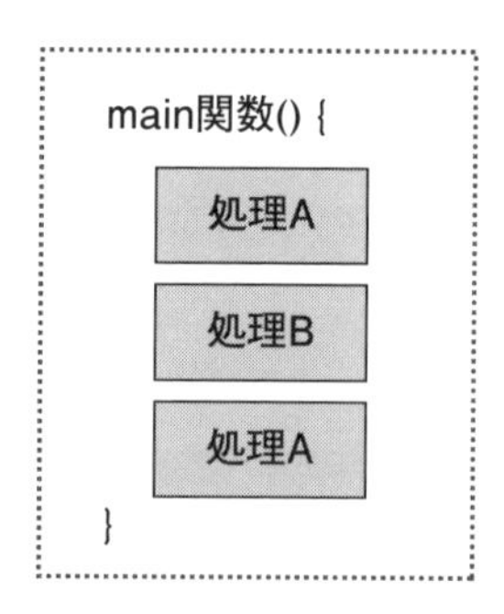

図3.13　関数を使わない場合のプログラム

それぞれの機能を関数として定義し、main関数から関数を呼び出すことによって、簡潔にソースコードを記述できるようになります。

図3.14に示すように、処理Aと処理Bを実行するために関数Aと関数Bを定義します。main関数から、関数Aを2回、関数Bを1回呼び出すことによって、同様の処理ができます。関数を定義したほうがプログラムが簡潔になり、さらにプログラムの構造が非常にわかりやすくなります。

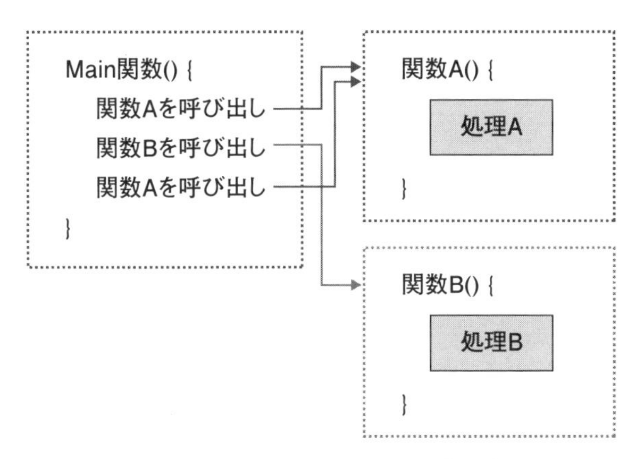

図 3.14　関数を定義した場合のプログラム

プログラマーが定義した関数を**ユーザ定義関数**と呼びます。原則としては、1 つの関数で 1 つの機能を実装します。

3.5.1 関数の基本

一番簡単な関数の宣言は、次のとおりです。

構文 関数の宣言

```
fn 関数名() {
    ブロック
}
```

関数の機能を利用するときは、**関数名 ();** と記述します。ただし、**予約語**（**reserved words**）と呼ばれる Rust 言語仕様で使用されるキーワードは、関数名に使用できません。たとえば、ループ構造のキーワードである for という文字列は関数名として使用できません。

それでは、「Hello world.」という文字列をターミナルに出力する簡単な関数を作成します。**ソースコード 3.20** を見てください。**main 関数**が my_func 関数を呼び出すだけの簡単なプログラムです。

main 関数のあとにユーザ定義関数を宣言しています。C 言語のようにプロトタイプ宣言を行う必要はありません。なお、本書ではソースコードの可読性や説明のしやすさを考慮しながら、main 関数の前または後ろにユーザ定義関数を宣言します。

ソースコード 3.20 関数の定義

ファイル名「~/ohm/ch3-5/func.rs」

```
1  fn main() {
2      println!("ユーザ定義関数を呼び出します。");
3      my_func();
4      println!("ユーザ定義関数の実行が終了しました。");
5  }
6
7  fn my_func() {
8      println!("Hello world.");
9  }
```

ソースコードの概要

3行目 my_func 関数を呼び出し

7行目 ~ 9行目 my_func 関数を定義

7行目~9行目で、my_func 関数を定義しています。関数の中身は「Hello world.」という文字列を出力するだけです。

すべてのプログラムは main 関数から実行されますので、main 関数の中で `my_func();` と記述して、ユーザ定義関数を呼び出します。3行目の `my_func()` が実行されると、プログラムの制御が8行目に移動します。ここで「Hello world.」という文字列が出力されます。my_func 関数内の処理はこれだけです。

処理が終わると、呼び出し元へ戻ります。関数を呼び出した次の行へ制御が移り、4行目の println! マクロで「ユーザ定義関数の実行が終了しました。」という文字列が表示されます。

ソースコード 3.20 をコンパイルして実行した結果を**ログ 3.20** に示します。println! マクロで出力された文字列によって、ユーザ定義関数を使用した場合のプログラムの処理の流れを確認できます。

ログ 3.20 func.rs プログラムの実行

```
1  $ rustc func.rs
2  $ ./func
3  ユーザ定義関数を呼び出します。
4  Hello world.
5  ユーザ定義関数の実行が終了しました。
```

3.5.2 引数

プログラム内では、関数へ何らかのデータを渡すことができます。これを**引数**（**argument**）と呼びます。引数を指定する場合は次のような書式になります。

構文 関数の引数

```
fn 関数名(変数名: 型) {
    ブロック
}
```

2つ以上の引数を設定することもできます。その場合は、関数名 (a: i32, b: i32, c: i32) のように、変数名 : 型を繰り返して記述します。

例として、2つの整数を受け取って、加算を行う関数を考えてみます。引数は32ビット整数型 (i32) が2つ必要です。関数名をaddとすると、`fn add(x: i32, y: i32)` と記述します。ここでxとyは変数名です。関数を呼び出す側は、引数を指定する必要があります。たとえば `add(10, 15);` などと記述すると、add関数に2つの整数を渡すことができます。

ソースコード 3.21 に引数を用いた関数の例を示します。add関数は、2つの整数を受け取って、加算した結果を表示するプログラムです。

ソースコード 3.21 引数の設定

ファイル名「**~/ohm/ch3-5/arg.rs**」

```
1  fn main() {
2      add(10, 5);
3  }
4
5  fn add(x: i32, y: i32) {
6      let z = x + y;
7      println!("add({}, {}) = {}", x, y, z);
8  }
```

ソースコードの概要

- 2行目 引数を指定して、add関数を呼び出し
- 5行目 ～ 8行目 add関数を定義
- 6行目 引き受けた2つの引数を加算した結果で、変数zを初期化
- 7行目 加算結果を表示

5行目～8行目で定義したadd関数は2つの引数を受け取ります。受け取ったデータは変数xとyに保存されます。6行目で、変数zを宣言して、x＋yで初期化します。7行目で3つの変数の値を表示します。xとyの値がそれぞれ10と5なので、zの値は当然15となるはずです。

add関数の呼び出しは、main関数の中で行っています。2行目にある`add(10, 5)`で、関数の呼び出しと2つの引数の引き渡しを行っています。add関数の定義で、引数の型はi32となっているため、呼び出し元は同じ型であるi32型を渡さなければいけないので注意してください。

ソースコード3.21をコンパイルして実行した結果を**ログ3.21**に示します。2つの引数を加算した結果が正しく表示されていることが確認できます。main関数でadd関数を呼び出すときに引数の値を変更するなどして、プログラムの動作を確認してください。

ログ3.21 arg.rsプログラムの実行

```
1 $ rustc arg.rs
2 $ ./arg
3 add(10, 5) = 15
```

main関数も関数なので、ターミナルからデータを入力することも可能です。ただし、文字列の処理や型の変換などを考慮しなければなりません。詳しくは第6章で説明します。

3.5.3 戻り値

関数は何らかのデータを呼び出し元に返す（return）ことができます。呼び出し元に返されるデータを**戻り値**（**return value**）と呼びます。

簡単な例として、2つの整数を受け取って、両者を加算した結果を呼び出し元に返すadd関数を考えてみます。書式は次のようになります。

構文 関数の戻り値

```
fn 関数名(変数名: 型, ...) -> 型 {
    ブロック
}
```

具体例としては、`add(x: i32, y: i32) -> i32`と宣言します。->（ハイフンと大なり）が矢印のように見えるので、add 関数は 2 つの引数を受け取って i32 型の整数を返すという意味が視覚的に表現されています。

戻り値の例

ソースコード 3.22 は、2 つの整数を受け取って、加算した結果を呼び出し元に返す関数の例です。

ソースコード 3.22 戻り値の例 その 1

ファイル名「~/ohm/ch3-5/return1.rs」

```
1 fn main() {
2     let z = add(10, 5);
3     println!("10 + 5 = {}", z);
4 }
5
6 fn add(x: i32, y: i32) -> i32 {
7     x + y
8 }
```

ソースコードの概要

2 行目 add 関数を呼び出し、結果を変数 z に格納

6 行目 ～ 8 行目 add 関数を定義

2 行目で変数 z を宣言します。初期化時の右辺が `add(10, 5)` となっていますが、add 関数の戻り値が右辺の値となり、変数 z が初期化されます。6 行目～8 行目で add 関数を定義しています。引数の型は i32 で戻り値の型も i32 です。7 行目で 2 つの引数を加算していますが、命令文末にセミコロン（;）がないことに注目してください。Rust ではセミコロンを付けると戻り値として認識されず、戻り値がないというエラーが出ます。

なぜこのような文法になっているかというと、**Rust では宣言文と式文しかなく、それ以外の命令はすべて式として扱われる**からです。そのため、戻り値は `x + y` という式にする必要があります。このあたりを理解するにはコンパイラの知識が必要なので、とりあえず「こういうもの」と認識して Rust の記述方法を学習することをおすすめします。なお、式に関しては第 6.4 節で解説します。

ソースコード 3.22 をコンパイルして実行した結果を**ログ 3.22** に示します。add 関数の引数が 10 と 5 なので、変数 z の値が 15 になっていることが確認できます。

ログ 3.22 return1.rs プログラムの実行

```
$ rustc return1.rs
$ ./return1
10 + 5 = 15
```

return キーワード

多くのプログラミング言語では、戻り値を明示的するために return というキーワードを用います。Rust でも **return キーワード**を用いて戻り値を返すことができます。書式は、セミコロンを付けて `return 戻り値;` です。

例として、1 から 8 までを数え上げるカウンタを考えてみます。カウンタなので、0 から 1 つずつ値を増やしていき、9 以上になると 0 に戻します。`incr(cnt: i32) -> i32` という関数を定義してカウンタを実装します。引数の cnt が 0 ～ 7 の値であれば cnt + 1 の値を返し、8 以上の値であれば値をリセットして（値を 1 にして）返します。**ソースコード 3.23** に実装例を示します。

ソースコード 3.23 戻り値の例 その 2

ファイル名「**~/ohm/ch3-5/return2.rs**」

```
fn main() {
    let mut counter = 0;
    for i in 0..10 {
        counter = incr(counter);
        println!("ループ i = {}：counter = {}", i, counter);
    }
}

fn incr(cnt: i32) -> i32 {
    if cnt >= 8 {
        println!("カウンタの値をリセットします。");
        return 1;
    } else {
        println!("カウンタの値を1増やします。");
        cnt + 1
    }
}
```

ソースコードの概要

2行目 可変変数counterを宣言し、整数の0で初期化
3行目～6行目 forループでincr関数の呼び出しと変数の値を表示する処理を繰り返す
9行目～17行目 incr関数を定義
10行目～12行目 cntの値が8以上であれば、カウンタをリセットし、戻り値として1を返す
13行目～15行目 cntの値が8未満（10行目の条件分岐がfalse）であれば、カウンタの値を1増やし、新しい値を返す

2行目で可変変数counterを宣言し、整数の0で初期化します。3行目～6行目はforループのブロックになっており、4行目と5行目の命令文を10回繰り返します。4行目で、incr関数を呼び出してcounterの値を更新し、5行目のprintln!マクロでループ実行回数（ループカウンタ変数iの値）とcounterの値を表示します。

incr関数は9行目～17行目で定義しています。引数はi32型、戻り値もi32型です。10行目で、引数である変数cntの値を確認します。cntの値がすでに8であれば、カウンタ値をリセットする必要があります。12行目で`return 1;`と記述して、整数1を戻り値として返します。呼び出し元ではcounterの値が1になります。return命令を実行すると、関数内のそれ以降の処理は実行されません。制御が呼び出し元に戻ります。

cntの値が8未満であれば、条件式がfalseとなり、elseブロック内の処理を実行します。15行目で`cnt + 1`と記述することによって、カウンタの値を1増やして戻り値を返します。return命令と違って、cnt + 1は式なのでセミコロンは必要ありません。

if-else分岐構造のあとは処理を行いません。なぜなら、ifブロックとelseブロックともに値を返すので、条件式の結果がどうであれ、if-else分岐構造で関数の処理が終了するからです。

ソースコード3.23をコンパイルして実行した結果を**ログ3.23**に示します。ループごとにカウンタの値が1つずつ増加し、値が8を超えればカウンタがリセットされることが確認できます。

ログ3.23 return2.rsプログラムの実行

```
1  $ rustc return2.rs
2  $ ./return2
3  カウンタの値を1増やします。
```

```
4  ループ i = 0：counter =  1
5  カウンタの値を1増やします。
6  ループ i = 1：counter =  2
7  カウンタの値を1増やします。
8  ループ i = 2：counter =  3
9  カウンタの値を1増やします。
10 ループ i = 3：counter =  4
11 カウンタの値を1増やします。
12 ループ i = 4：counter =  5
13 カウンタの値を1増やします。
14 ループ i = 5：counter =  6
15 カウンタの値を1増やします。
16 ループ i = 6：counter =  7
17 カウンタの値を1増やします。
18 ループ i = 7：counter =  8
19 カウンタの値をリセットします。
20 ループ i = 8：counter =  1
21 カウンタの値を1増やします。
22 ループ i = 9：counter =  2
```

戻り値の数

戻り値の数は常に 1 つです。2 つ以上の戻り値を返すことはできません。ただし、**タプル型**などは複数の型を組み合わせて 1 つの型を定義できますので、実質的に 2 つ以上の値を戻り値として返すことはできます。また、第 4 章で説明する配列や構造体などを用いれば、多くの情報を戻り値として返すことができます。

簡単な例として、タプル型を戻り値として返す関数を見ていきます。2 つの座標を受け取ってタプル型で平面上の点を返す関数を考えてみます。**ソースコード 3.24** に例を示します。

ソースコード 3.24 戻り値の例 その 3

ファイル名「**~/ohm/ch3-5/return3.rs**」

```
1 fn main() {
2     let x = 10;
3     let y = 30;
4 
5     let point = get_point(x, y);
6     println!("点 = ({}, {})", point.0, point.1);
7 }
```

```
8
9  fn get_point(x: i32, y: i32) -> (i32, i32) {
10     (x, y)
11 }
```

ソースコードの概要

2行目と3行目 変数xとyを宣言し、整数で初期化

5行目 get_point関数を呼び出して、2つの座標（整数型）から平面上の点（タプル型）を作成

9行目～11行目 get_point関数を定義

2行目と**3行目**で変数xとyを宣言し、それぞれ整数の10と30で初期化します。**5行目**でget_point関数を呼び出して、変数xとyの値からタプル型を生成して、それを変数pointに格納します。**6行目**でタプル型の値を表示します。

9行目～**11行目**でユーザ定義関数であるget_point関数を定義します。引数はi32型を2つとり、戻り値は2つのi32型で構成されるタプル型です。関数の宣言時の戻り値の型が`(i32, i32)`となっていることに注目してください。関数の中身は単純に、変数xとyを受け取って、タプル型を生成して`(x,y)`を返すだけです。引数の値が10と30なので、戻り値は`(10, 30)`になります。

ソースコード3.24をコンパイルして実行した結果を**ログ3.24**に示します。タプル型を戻り値にすることによって、実質的に複数の値を戻り値として返すことが確認できます。

ログ3.24 return3.rsプログラムの実行

```
1 $ rustc return3.rs
2 $ ./return3
3 点 = (10, 30)
```

3.5.4 再帰関数

自分自身を参照することを**再帰**と呼びます。プログラミングにおいても、ある関数が自分自身を呼び出すことができます。これを**再帰関数**と呼びます。

たとえば、階乗を計算する数学的な関数fを考えてみます。正の整数nの階乗は次のように計算できます。

$$f(n) = n \times (n-1) \times (n-2) \times \cdots \times 2 \times 1 \tag{3.1}$$

forループを用いて**式3.1**をプログラミングで実装できますが、コンピュータサイエンス的にはよい書き方ではありません。式3.1を再帰的な定義に書き直すと、**式3.2**のようになります。

$$f(n) = \begin{cases} f(n-1) \times n & \text{if } n > 1 \\ 1 & \text{otherwise} \end{cases} \tag{3.2}$$

それでは、このような再帰関数をプログラミング上で実装してみましょう。

再帰関数の例

ソースコード3.25に階乗を計算する再帰関数を示します。

ソースコード3.25 階乗の計算

ファイル名「**~/ohm/ch3-5/factorial.rs**」

```
fn main() {
    let var = factorial(5);
    println!("5の階乗 = {}", var);
}

fn factorial(n: i32) -> i32 {
    if n == 1 {
        return 1;
    } else {
        factorial(n - 1) * n
    }
}
```

ソースコードの概要

- 2行目 factorial関数を呼び出して、結果で変数varを初期化
- 6行目～12行目 階乗を計算するためのfactorial関数を定義
- 7行目と8行目 引数の値（変数n）が1ならば、1を戻り値として返す
- 9行目と10行目 引数の値が1以外であれば、factorial(n-1)を呼び出し、その結果と変数nの値を乗算して返す

2行目で変数varを宣言し、factorial関数の戻り値で初期化します。引数を5としているので、5の階乗である120が戻り値として返されます。次の行で、結果を表示します。

factorial 関数は、6行目～12行目で定義しています。引数は i32 型で、戻り値も i32 型です。7行目で引数の値（変数 n）を確認し、1 であれば戻り値として 1 を返します。そうでなければ9行目の else ブロックに制御が移り、`factorial(n - 1) * n`が実行されます。factorial 関数が自分自身を呼び出しているので、factorail(n) の処理をこの場所で止めて、factorial(n − 1) を実行します。factorial(n − 1) の処理が終わると `factorial(n - 1) * n`の計算がなされて、結果が戻り値として main 関数内の呼び出し元に戻ります。

このような処理が繰り返され、最終的に 1 × 2 × 3 × 4 × 5 が計算できます。

ソースコード 3.25 をコンパイルして実行した結果を**ログ 3.25** に示します。5 の階乗は 120 なので、正しく計算できていることが確認できます。

ログ 3.25 factorial.rs プログラムの実行

```
1 $ rustc factorial.rs
2 $ ./factorial
3 5の階乗 = 120
```

再帰関数の使用時の注意

再帰関数の定義に誤りがあると**無限ループ**に陥る可能性があるので気をつけてください。たとえば、ソースコード 3.25 の10行目を `factorial(n) * n;` とすると、関数を呼び出しても引数の値が減少せず、永遠に関数が呼び出されます。この場合は**スタックオーバーフロー**と呼ばれる類のエラーが出ます。

factorial 関数の呼び出しごとに、再帰関数が使用するメモリ領域が増加します。無限ループに陥ると、使用中のメモリ領域が無限に増加することになります。一方、オペレーティングシステムによって、ユーザが実行したプログラムに割り当てられるメモリ領域は有限です。そのため、プログラムが使用できるメモリ領域をすべて使い果たし、**オーバーフロー**が起こります。その場合、オペレーティングシステムがオーバーフローを検知し、プログラムを強制終了させます。また、無限ループに陥らない場合でも、n の値が大きすぎるとスタックオーバーフローが起こります。

3.6 変数のスコープとグローバル変数

本節では、まず変数の有効範囲について解説し、ソースコードのどの箇所からも参照できる**グローバル変数**の説明をします。なお、これまでの説明で用いていた変数は

ローカル変数と呼ばれるもので、変数の有効範囲が限られています。

3.6.1 変数のスコープ

ソースコード内のある箇所で宣言した変数には、その変数にアクセスできる範囲が定義されます。これを**変数のスコープ**と呼びます。**スコープ**（**scope**）は範囲という意味です。変数のスコープは、基本的に宣言した箇所から波括弧で囲んだブロック内です。明示的に変数を無効にすることもできますが、それについては第5章で説明します。以下のscope1 ~ scope3の実行結果は、ご参考までにダウンロードファイルに収録してあります。

変数のスコープの例 その1

簡単な例として、main関数の中で宣言した変数とif分岐構造の中で宣言した変数のスコープの例を**ソースコード3.26**に示します。

ソースコード3.26 変数のスコープの例 その1

ファイル名「**~/ohm/ch3-6/scope1.rs**」

```
1  fn main() {
2      let mut x = 10;
3
4      if x < 0 {
5          let y = x + 1;
6          x = x + 1;
7          println!("y = {}", y);
8      } else {
9          let z = x - 1;
10         x = x - 1;
11         println!("z = {}", z);
12     }
13
14     println!("x = {}", x);
15 }
```

x のスコープ（2行目～15行目）
y のスコープ（5行目～8行目）
z のスコープ（9行目～12行目）

ソースコードの概要

- 2行目　変数xの宣言、スコープは2行目~15行目
- 5行目　変数yの宣言、スコープは5行目~8行目
- 9行目　変数zの宣言、スコープは9行目~12行目

2行目で変数 x を宣言します。main 関数の最初に宣言しているため、15行目の波括弧が閉じられる箇所まで有効になります。

5行目で変数 y を宣言します。if ブロックの中で宣言しているため、スコープは8行目の } までです。if ブロック内でも変数 x は有効ですので、6行目のように x の値を変更することも可能です。

9行目で変数 z を宣言します。else ブロック内で宣言した変数なので、スコープは12行目までです。10行目のように、else ブロック内でも変数 x はアクセス可能です。

変数のスコープの例 その 2

次は for ループでの変数のスコープの例です。変数のスコープが異なれば、**同じ変数名を再使用することも可能**です。**ソースコード 3.27** に例を示します。

ソースコード 3.27 変数のスコープの例 その 2

ファイル名「**~/ohm/ch3-6/scope2.rs**」

```
 1  fn main() {
 2      let mut x = 0;
 3
 4      for i in 0..3 {
 5          for j in 0..3 {
 6              let y = i * 10 + j;
 7              x = x + 1;
 8              println!("y = {}", y);
 9          }
10
11          let j = 'a';
12          println!("j = {}", j);
13      }
14
15      println!("x = {}", x);
16  }
```

x のスコープ（2行目〜16行目）
i のスコープ（4行目〜13行目）
j のスコープ（5行目〜9行目）
j のスコープ（11行目〜13行目）

ソースコードの概要

- 2行目　変数 x の宣言、スコープは2行目～16行目
- 4行目　ループカウンタ i の宣言、スコープは4行目～13行目
- 5行目　ループカウンタ j の宣言、スコープは5行目～9行目
- 11行目　変数 j の宣言、スコープは11行目～13行目

2行目で変数 x を宣言します。宣言した箇所から main 関数の波括弧が閉じる前なので、スコープは2行目～16行目です。

4行目の for ループの宣言時にループカウンタ i を宣言します。当然、スコープは for ループの中だけです。同様に5行目でループカウンタ j を宣言します。スコープは内側のループ内だけなので、5行目～9行目になります。

11行目で変数 j を char 型変数として宣言します。スコープは11行目～13行目です。5行目で宣言したループカウンタ j とは別物です。ループカウンタの j はすでにスコープから外れているので、同じ変数名を使用しても問題ありません。

変数のスコープの例 その3

ローカル変数のスコープは、関数をまたぐことはありません。だから引数を経由して値を関数へ引き渡すのです。**各関数内で宣言した変数はスコープがかぶらない**ので、名前を再使用できます。**ソースコード 3.28** に例を示します。

ソースコード 3.28 変数のスコープの例 その3

ファイル名「**~/ohm/ch3-6/scope3.rs**」

```
 1 fn main() {
 2     let mut x: i32 = 10;
 3 
 4     // 関数の呼び出し
 5     func(x);
 6 
 7     x = x / 2;
 8     println!("main: x = {}", x);
 9 }
10 
11 fn func(mut x: i32) {
12     x = x * 2;
13 
14     println!("func: x = {}", x);
15 }
```

x のスコープ（2行目～9行目）

x のスコープ（11行目～15行目）

ソースコードの概要

2行目　変数 x の宣言、スコープは2行目～9行目

11行目　変数 x の宣言、スコープは11行目～15行目

main 関数内の 2行目 で変数 x を宣言します。スコープは main 関数内なので、2行目 ~ 9行目 までです。

11行目 ~ 15行目 にユーザ定義関数 func を定義します。11行目 で引数として変数 x を宣言します。スコープは 11行目 ~ 15行目 までです。

main 関数内にある 5行目 の命令で、func 関数を呼び出します。このとき main 関数で宣言した変数 x の値を func 関数の引数である変数 x に引き渡します。この 2 つの変数 x は別物です。

悪い例

最後に、スコープの使い方の悪い例を見てみましょう。変数のスコープ外から、if ブロック内で宣言した変数へアクセスしようと試みるプログラムを**ソースコード 3.29** に示します。

ソースコード 3.29 変数のスコープの悪い例

ファイル名「**~/ohm/ch3-6/badscope.rs**」

```
1  fn main() {
2      let x = 10;
3
4      if true {
5          let y = 20;
6      }
7
8      println!("x = {}", x);
9      println!("y = {}", y);
10 }
```

ソースコードの概要

- 2行目 変数 x の宣言、スコープは 2行目 ~ 10行目
- 5行目 変数 y の宣言、スコープは 5行目 ~ 6行目
- 9行目 変数 y へのアクセスを試みるがエラーが出る

5行目 で変数 y を宣言しますが、スコープは if ブロックの中だけです。9行目 の println! マクロで変数 y の値にアクセスしようとしますが、この箇所は変数 y のスコープ外です。

ソースコード 3.29 をコンパイルしようとすると、**ログ 3.26** に示すように「変数 y

がスコープ内に見当たらない」といった旨のエラーが出ます。

ログ 3.26 badscope.rs プログラムのコンパイル

```
1  $ rustc badscope.rs
2  error[E0425]: cannot find value `y` in this scope
3   --> badscope.rs:9:24
4    |
5  9 |     println!("y = {}", y);
6    |                        ^ help: a local variable with a similar
   name exists: `x`
7  ～省略～
```

3.6.2 静的変数（static キーワード）

グローバル変数を定義する場合は、**static** というキーワードによって変数を宣言します。ソースコード内のどこからでも参照できる必要があるため、グローバル変数のデータは**静的領域**と呼ばれるメモリの領域内に格納されます（メモリ領域については第 4.1 節で解説します）。そのため、宣言するキーワードが static（静的）なのです。また、Rust ではグローバル変数のことを**静的変数**と呼びます。

静的変数は**定数**と違い、インライン化されません。あくまで静的領域に格納され、静的変数にアクセスする場合は静的領域のアドレスを参照します。

静的変数の宣言では必ず型を指定する必要があります。書式は次のとおりです。

構文 静的変数の宣言

```
static 変数名: 型 = 初期値;
```

値の代わりに定式でも構いません。たとえば、円周率を静的変数として宣言する場合は、`static PI: f64 = 3.14;` と記述するとよいでしょう。

ソースコード 3.30 に静的変数の例を示します。円周率を静的変数 PI として宣言して、ソースコードのほかの場所から PI を参照するプログラムです。

ソースコード 3.30 静的変数

ファイル名「**~/ohm/ch3-6/staticvar1.rs**」

```
1  static PI: f64 = 3.14;
2  
3  fn get_cir(radius: f64) -> f64 {
```

```
4       2.0 * PI * radius
5   }
6
7   fn get_area(radius: f64) -> f64 {
8       PI * radius * radius
9   }
10
11  fn main() {
12      let radius = 10.0;
13      let cir = get_cir(radius);
14      let area = get_area(radius);
15
16      println!("円周 = {}", cir);
17      println!("面積 = {}", area);
18  }
```

ソースコードの概要

1行目 静的変数PIを宣言し、実数の3.14で初期化

3行目～5行目 円周を計算する関数を定義

7行目～9行目 面積を計算する関数を定義

11行目～18行目 main関数を定義し、半径10の円の円周と面積を表示

1行目で静的変数PIを宣言し、f64型の3.14で初期化します。PIはソースコード内のどの場所からでも参照できます。

3行目～**5行目**で、半径を引数として受け取り、円周を計算する関数を定義しています。円周を計算するときに、静的変数PIを参照します。

7行目～**9行目**で、半径を引数として受け取り、面積を計算する関数を定義しています。面積を計算するときに、静的変数PIを参照します。

11行目～**18行目**はmain関数の定義です。**12行目**で変数radiusを宣言し、f64型の10.0で初期化します。PIの値がf64型なので、半径を表すradiusもf64型にしています。

13行目と**14行目**でget_cir関数とget_area関数を呼び出し、それぞれ円周と面積を計算します。**16行目**と**17行目**で結果を表示します。

ソースコード3.30をコンパイルして実行した結果を**ログ3.27**に示します。浮動小数点数のための誤差が入っていますが、半径10の円の円周と面積が正しく計算されています。関数内で静的変数PIの値を参照できたことがわかります。

ログ 3.27 staticvar1.rs プログラムの実行

```
$ rustc staticvar1.rs
$ ./staticvar1
円周 = 62.800000000000004
面積 = 314
```

3.6.3 静的可変変数（mut キーワード）

静的変数を可変にしたい場合は、通常の変数と同様に mut キーワードを用います。書式は次のとおりです。

構文 静的可変変数の宣言

```
static mut 変数名: 型 = 初期値;
```

静的変数を可変にすると、ソースコードのどこからでも変数の値を変更できるため、マルチスレッドのプログラムでは第 1.4.4 項で説明したデータ競合の問題が起こります。この問題に関しては、オペレーティングシステムを学習する際に出てくると思われる「**排他制御**」などが必要です。

静的可変変数を使用する場合、コンパイル時に安全性が保証できません。そのため Rust では、柔軟性を持たせられるように **unsafe ブロック**が用意されています。`unsafe { 安全でないソースコード }`という書式で、安全性が保証されない箇所を波括弧で囲みます。unsafe ブロック内の処理については、すべてプログラマーの責任になります。

ソースコード 3.31 に静的可変変数の例を示します。静的可変変数を宣言し、プログラムの途中で値を変更するプログラムです。

ソースコード 3.31 静的可変変数

ファイル名「**~/ohm/ch3-6/staticvar2.rs**」

```
static mut PI: f64 = 3.14;

fn get_cir(radius: f64) -> f64 {
    unsafe {
        2.0 * PI * radius
    }
}

```

```
 9  fn get_area(radius: f64) -> f64 {
10      unsafe {
11          PI * radius * radius
12      }
13  }
14  
15  fn main() {
16      let radius = 10.0;
17  
18      unsafe {
19          PI = 3.0;
20      }
21      let cir = get_cir(radius);
22      let area = get_area(radius);
23  
24      println!("円周= {}", cir);
25      println!("面積 = {}", area);
26  }
```

ソースコードの概要

- 1行目 静的可変変数PIを宣言し、実数の3.14で初期化
- 3行目～7行目 円周を計算する関数を定義、PIを参照するときにunsafeブロックを使用
- 9行目～13行目 面積を計算する関数を定義、PIを参照するときにunsafeブロックを使用
- 15行目～26行目 main関数を定義し、半径10の円の円周と面積を表示
- 19行目 PIの値を変更

1行目で静的可変変数PIを宣言し､f64型の3.14で初期化します。PIはソースコード内のどの場所からでも参照できます。

3行目～7行目で、半径を引数として受け取り、円周を計算する関数を定義しています。円周を計算するときにPIを参照しますが、この箇所は安全性が保証されません。そのためunsafeブロックで囲っています。

9行目～13行目で、半径を引数として受け取り、面積を計算する関数を定義しています。面積を計算するときにPIを参照しますが、この箇所は安全性が保証されません。そのためunsafeブロックで囲っています。

15行目～26行目はmain関数の定義です。16行目で変数radiusを宣言し、f64

型の 10.0 で初期化します。**19行目**で PI の値を 3.0 に変更します。静的可変変数の値を変更するため、**19行目**を unsafe ブロックで囲む必要があります。

ソースコード 3.31 をコンパイルして実行した結果を**ログ 3.28** に示します。PI の値を 3.0 に変更したあとの値で、円周と面積が計算されていることが確認できます。

ログ 3.28 staticvar2.rs プログラムの実行

```
1 $ rustc staticvar2.rs
2 $ ./staticvar2
3 円周 = 60
4 面積 = 300
```

3.7 マクロ

プログラミングにおいて、**マクロ**とは、あらかじめ定義した規則に従って置換する機能のことをいいます。**関数**と同様に、同じようなコードを書く場合にマクロを使うとソースコードの記述が簡略化できます。ここまで文字列をターミナルに出力するために多用してきた **println!** もマクロです。

3.7.1 ユーザ定義のマクロ

マクロは使いこなせれば有用ですが、関数などでも代用できるので、プログラマー自身でマクロを定義することは推奨されていません。注意深くマクロを定義しないと、思わぬエラーが起こるからです。

関数との違いは、マクロはその場所に展開されるという点です。関数の呼び出しとマクロの展開の違いを明確にするために、**図 3.15** と**図 3.16** を用いて説明します。

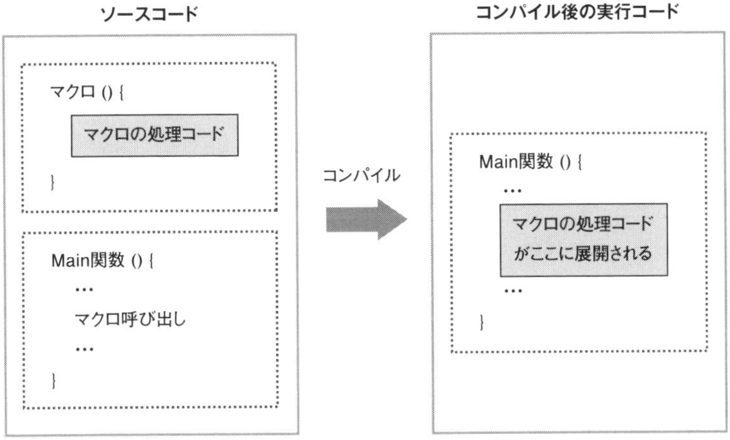

ソースコード

マクロ () {
マクロの処理コード
}

Main関数 () {
…
マクロ呼び出し
…
}

コンパイル

コンパイル後の実行コード

Main関数 () {
…
マクロの処理コード
がここに展開される
…
}

図 3.15 マクロの展開

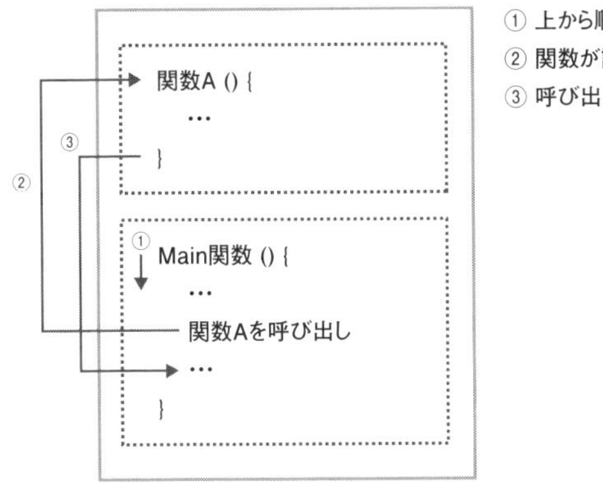

図 3.16 関数の呼び出し

関数を呼び出すと、現在実行中の関数が記述されているコードから、呼び出し先の関数が記述されているコードへプログラムの制御が飛びます。これに対して、マクロではコンパイル時にマクロのコードがその箇所に展開され、マクロ呼び出し元の関数のコード内で処理が進みます。マクロは、あくまで規則に従って文字列を変換する処理なのです。

コンパイル時には、マクロの部分は元のソースコードが展開されるので、コンパイル後のプログラムのサイズが思ったよりも大きくなりがちです。しかし、関数の呼び出しのように呼び出し先の関数が記述されている場所へジャンプしなくてもよいため、一般に処理速度が速くなります。この理由を理解するには、コンピュータアーキテクチャの知識が必要なので割愛します。

マクロの例

実際にマクロを定義してみましょう。2つの整数のうち大きいほうの値を返すマクロを定義します。マクロの定義は、使用する前に行います。言い換えると、main関数の前に記述する必要があります。

マクロの定義は、**macro_rule! キーワード**を用いてマクロ名を記述します。書式は次のとおりです。

構文 マクロの定義

```
macro_rule! マクロ名 {
    マクロの中身
}
```

マクロ名をmaxとした場合、`macro_rule! max {` **マクロの中身** `}`となります。マクロの中には`(`**マクロの引数**`) => (`**変換後の文字列**`)`という書式で内容を記述します。丸括弧（parenthesis）の代わりに波括弧（brace）または角括弧（bracket）でも構いません。

マクロを使用するときは、マクロ名に`!`（エクスクラメーションマーク）を付けて引数を指定します。たとえば`max!(10, 20);`などです。

ソースコード3.32に大きいほうの値を返すmaxマクロを示します。

ソースコード3.32 マクロの例

ファイル名「**~/ohm/ch3-7/macro.rs**」

```
1  macro_rules! max {
2      ($x:expr, $y:expr) => {
3          if $x >= $y {
4              $x
5          } else {
6              $y
7          }
8      }
9  }
10
11 fn main() {
12     let x = 10;
```

```
13     let y = 20;
14     let z = max!(x, y);
15 
16     println!("x = {}、y = {}のうち、大きいほうの値 = {}", x, y, z);
17 }
```

ソースコードの概要

- **1行目～9行目** max! マクロを定義
- **12行目と13行目** 2つの変数 x と y を宣言し、それぞれ整数の 10 と 20 で初期化
- **14行目** 変数 z を宣言し、x と y を引数にして max! マクロを呼び出し、結果を z に格納

マクロの定義は**1行目**～**9行目**で行っています。マクロ名は max です。引数の数は 2 つなので、**2行目**に `($x:expr, $y:expr)` と記述します。x と y がマクロ内で使用する変数名です。変数名の前に **$** を付けます。また、**expr** は式を意味します。この辺を理解するには、コンパイラに関する知識が必要なので割愛します。「こういうもの」だと思ってください。

波括弧で囲まれた箇所がマクロで置換するコードです。**3行目**～**7行目**のとおり、大きいほうの値を返すマクロなので、if 分岐構造で実装されています。2 つの引数の値が同じ場合は、第 1 引数（変数 x）を返します。

main 関数は**11行目**から始まります。**12行目**と**13行目**で変数 x と y を宣言し、それぞれ整数の 10 と 20 で初期化します。**14行目**で、x と y を引数にして max! マクロを呼び出します。変数 y の値のほうが x より大きいので、z には y の値である 20 が格納されるはずです。`max!(x, y)` の箇所は、コンパイル時にマクロで定義した文字列に置換されます。

ソースコード 3.32 をコンパイルして実行した結果を**ログ 3.29** に示します。マクロによって大きいほうの値が識別され、結果が表示されることが確認できます。

ログ 3.29 macro.rs プログラムの実行

```
1 $ rustc macro.rs
2 $ ./macro
3 x = 10、y = 20のうち、大きいほうの値 = 20
```

3.8 その他の基本文法

本節では、覚えておくと便利な基本文法を解説します。

3.8.1 println! マクロの使い方 その 1

println! マクロは、フォーマットを指定して文字列をターミナルに出力します。ここまでの本章の例では変数をそのまま出力していましたが、出力するフォーマットを変更することもできます。たとえば、整数型の変数 x を 10 進数で出力する代わりに、2 進数など異なる基数表示に変換して表示することができます。

フォーマットの指定はプレースホルダーの設定時に行います。書式は `{:フォーマット識別子}` です。**プレースホルダー**の設定は、2 進数であれば `{:b}`、8 進数であれば `{:o}` と記述します。16 進数に関しては、アルファベットを小文字にするか、大文字にするかで、2 通りの指定方法があります。書式は、`{:x}` または `{:X}` です。

では早速、**ソースコード 3.33** の例を見てみましょう。10 進数の 200 を、異なる基数で表示するプログラムです。

ソースコード 3.33 println! マクロの使い方の例 その 1

ファイル名「**~/ohm/ch3-8/printlnmacro1.rs**」

```
1  fn main() {
2      let val: i32 = 200;
3
4      println!("基数2：val = {:b}", val);
5      println!("基数8：val = {:o}", val);
6      println!("基数16：val = {:x}", val);
7      println!("基数16（大文字を使用）：val = {:X}", val);
8  }
```

ソースコードの概要

2 行目 変数 val を宣言し、整数の 200 で初期化

4 行目 ～ 7 行目 val の値を 2 進数、8 進数、16 進数（アルファベットを小文字）、16 進数（アルファベットを大文字）で出力

2行目で変数 val を宣言して、整数の 200 で初期化します。4行目～7行目で、異なる**基数**で val の値を表示しています。16 進数の場合はアルファベットの a ～ f を使用しますが、フォーマットの設定時にアルファベットを小文字にするか大文字にするかを指定することができます。

ソースコード 3.33 をコンパイルして実行した結果を**ログ 3.30** に示します。10 進数の 200 が異なる基数で表示されていることが確認できます。

ログ 3.30 printlnmacro1.rs プログラムの実行

```
1 $ rustc printlnmacro1.rs
2 $ ./printlnmacro1
3 基数2：val = 11001000
4 基数8：val = 310
5 基数16：val = c8
6 基数16（大文字を使用）：val = C8
```

実は、println! マクロでは、出力した文字の最後に OS に応じた改行コードが出力されます。改行を出力しない print! マクロなどもあります。

3.8.2 println! マクロの使い方 その 2

プレースホルダーに出力される変数の値は、デフォルトでは引数に指定した順番で決まります。変数名を指定することによって、意図的にどこにどの変数の値を出力するか指定することも可能です。プレースホルダーの設定は **{ 変数名 : フォーマット }** として、引数には**変数名 = 値**という書式で変数名と引数の値を関連付けます。

ソースコード 3.34 に例を示します。

ソースコード 3.34 println! マクロの使い方の例 その 2

ファイル名「**~/ohm/ch3-8/printlnmacro2.rs**」

```
1 fn main() {
2     let a = 10;
3     let b = 20;
4 
5     println!("a = {first:x}, b = {second:x}", second=b, first=a);
6 }
```

ソースコードの概要

2行目と3行目変数 a と b を宣言し、それぞれ整数の 10 と 20 で初期化
5行目変数を用いてプレースホルダーを設定し、値を 16 進数で表示

2行目と3行目で変数 a と b を宣言し、整数で初期化します。5行目の println! マクロで変数の値を表示しますが、このときに第 2 引数に変数 b、第 3 引数に変数 a を渡します。ここで second を b に関連付け、first を a に関連付けます。変数名 first と second という名前は自由に決められます。変数を関連付けることによって、プレースホルダーへの出力を制御できます。すなわち、引数の順番を自由に決めることができます。

1 つ目のプレースホルダーに変数 first を指定すると、第 3 引数の変数 x の値がこの箇所に出力されます。また、フォーマットを 16 進数に指定しているので、x の値が 16 進数で表示されます。2 つ目のプレースホルダーも同様に処理がされます。

ソースコード 3.34 をコンパイルして実行した結果を**ログ 3.31** に示します。第 2 引数の変数 b の値が 2 つ目のプレースホルダーの箇所に出力され、第 3 引数の変数 a の値が 1 つ目のプレースホルダーの箇所に出力されていることが確認できます。

ログ 3.31 printlnmacro2.rs プログラムの実行

```
1 $ rustc printlnmacro2.rs
2 $ ./printlnmacro2
3 a = a, b = 14
```

3.8.3 プリミティブ型のメソッド構文

これまでの例で使用した整数型や浮動小数点数型、タプル型、文字型など、Rust 標準機能として提供されている基本的な型を**プリミティブ型**（**primitive type**）と呼びます。また、標準的に提供されている機能を**標準ライブラリ**（**standard library**）と呼びます。

プリミティブ型には**メソッド**（**method**）と呼ばれる型やデータに対する操作が定義されています。メソッドは**関数**に似ています。たとえば、8 ビット整数の型（i8 型）がとり得る最小値と最大値を知りたいとします。最小値は -2^7、最大値は 2^7-1 ですが、これらの値をプログラマーが計算しなくても命令文 1 つで取得することができれば、嬉しいことです。メソッドは型に関連付けられた関数といえます。

本格的にメソッドを使用するのは、第 4 章で解説する構造体などを定義したときです。本節では、とりあえずプリミティブ型のメソッドについて簡単に説明します。

静的メソッド

静的メソッドとは、変数の値に依存しない型固有の操作です。先ほどのi8型がとり得る値を返すメソッドは静的メソッドになります。なぜなら、変数の値にかかわらず、i8型がとり得る最小値と最大値は常に一定だからです。

静的メソッドを使用する場合は、次のように記述します。

構文 静的メソッドの呼び出し

```
型::メソッド名();
```

型名とメソッド名の間にコロンを2つ入れます。i8型の最小値と最大値を返すメソッドは、それぞれ `i8::min_value()` と `i8:max_value()` です。

ソースコード3.35に例を示します。8ビット整数がとり得る最小値と最大値を表示するプログラムです。

ソースコード3.35 i8型の静的メソッド

ファイル名「**~/ohm/ch3-8/minmax.rs**」

```
1  fn main() {
2      let min = i8::min_value();
3      let max = i8::max_value();
4  
5      println!("8ビット整数型がとり得る値：{}～{}", min, max);
6  }
```

ソースコードの概要

2行目 8ビット整数がとり得る最小値を返すメソッドを実行し、結果で変数minを初期化

3行目 8ビット整数がとり得る最大値を返すメソッドを実行し、結果で変数maxを初期化

2行目と**3行目**で、`i8::min_value()` メソッドと `i8::max_value()` メソッドを実行しています。メソッド名のとおり、8ビット整数型がとり得る最小値と最大値を返すメソッドです。**5行目**で、最小値と最大値の値を表示します。

ソースコード3.35をコンパイルして実行した結果を**ログ3.32**に示します。メソッド実行の結果、最小値が$-2^7 = -128$、最大値が$2^7 - 1 = 127$になっていることが

確認できます。

ログ 3.32 minmax.rs プログラムの実行

```
1 $ rustc minmax.rs
2 $ ./minmax
3 8ビット整数型がとり得る値：-128〜127
```

メソッド

変数のメソッドは、静的メソッドとは異なり、その操作が変数の値に依存します。たとえば、整数のビット列をローテーションする操作を考えてください。整数の値が異なればビット列も異なるため、型固有の操作ではありません。値が異なれば、メソッド実行時の結果も異なります。

変数の値に対するメソッドの書式は、変数名とメソッド名の間にドット (.) を入れて、次のとおりに記述します。

構文 メソッドの呼び出し

```
変数名.メソッド名();
```

ソースコード 3.36 に例を示します。8 ビット整数のビット列をローテーションするプログラムです。

ソースコード 3.36 i8 型のメソッド

ファイル名「~/ohm/ch3-8/introtate.rs」

```
1 fn main() {
2     let x:i8 = 0b01001110;
3     let y:i8 = x.rotate_left(3);
4 
5     println!("y = {:b}", y);
6 }
```

ソースコードの概要

- 2行目 変数 x を宣言し、8 ビット整数の 01001110_2 で初期化
- 3行目 変数 y を宣言し、変数 x のビット列を 3 ビット左にローテーションするメソッドを実行し、その結果で初期化

2行目で変数xを宣言し、8ビット整数の01001110_2で初期化します。3行目の`rotate_left(n)`メソッドは、左にnビット分、ローテーションするメソッドです。引数の型は整数です。引数に3を指定しているので、左に3ビット分、ビット列がローテーションします。シフトではなくローテションなので、注意してください。あふれた最上位の3ビットは一番右に戻ってきます。01001110_2を左に3ビットずらし、あふれたビットを最下位に移動させると01110010_2になるはずです。

メソッド実行結果を変数yに格納し、5行目で変数yの値を2進数で表示しています。

ソースコード3.36をコンパイルして実行した結果を**ログ3.33**に示します。表示結果は最上位ビットの0が省略されて1110010_2（7ビット）となっていますが、値は01110010_2（8ビット）と同じです。確かに左に3ビット分ローテーションした結果が表示されています。

ログ3.33 introtate.rs プログラムの実行

```
1  $ rustc introtate.rs
2  $ ./introtate
3  y = 1110010
```

Rustでは、標準ライブラリとして整数型（i8、i16、i32、i128）だけでもかなり多くのメソッドが用意されています。すべてのメソッドを覚える必要はありませんが、必要に応じてRustの公式ドキュメント等を見て、やりたいことができるかどうか調べましょう。

3.9 まとめ

本節では、Rustプログラミングのための補足をします。

3.9.1 演算子

基本的な**演算子**を**表3.1**にまとめました。Rustで利用できる演算子は、ほかにもあります。すべての演算子を網羅した表は、Rustの公式ドキュメント等で確認してください。

表 3.1 基本的な演算子

<table>
<tr><th>演算子</th><th>表記</th><th>意味</th></tr>
<tr><td rowspan="4">bit 演算子</td><td>a & b</td><td>AND 演算</td></tr>
<tr><td>a | b</td><td>OR 演算</td></tr>
<tr><td>a >> b</td><td>右シフト</td></tr>
<tr><td>a << b</td><td>左シフト</td></tr>
<tr><td rowspan="5">算術演算子</td><td>+</td><td>加算</td></tr>
<tr><td>-</td><td>減算</td></tr>
<tr><td>*</td><td>乗算</td></tr>
<tr><td>/</td><td>除算</td></tr>
<tr><td>%</td><td>剰余算</td></tr>
<tr><td rowspan="6">比較演算子</td><td>a == b</td><td>同値</td></tr>
<tr><td>a != b</td><td>同値でない</td></tr>
<tr><td>a <= b</td><td>小なりイコール</td></tr>
<tr><td>a >= b</td><td>大なりイコール</td></tr>
<tr><td>a < b</td><td>小なり</td></tr>
<tr><td>a > b</td><td>大なり</td></tr>
</table>

3.9.2 プリミティブ型

Rust で使用できる基本的な**プリミティブ型**の一覧を**表 3.2** に示します。この中で isize と usize は整数型ですが、その大きさはコンピュータのアーキテクチャによって異なります。具体的には、ポインタと同じ大きさの整数型になります。

表 3.2 プリミティブ型

型	意味	範囲
i8	8 ビット整数	-2^{7} ～ $2^{7}-1$
i16	16 ビット整数	-2^{15} ～ $2^{15}-1$
i32	32 ビット整数	-2^{31} ～ $2^{31}-1$
i64	64 ビット整数	-2^{63} ～ $2^{63}-1$
i128	128 ビット整数	-2^{127} ～ $2^{127}-1$
u8	8 ビット符号なし整数	0 ～ $2^{8}-1$
u16	16 ビット符号なし整数	0 ～ $2^{16}-1$
u32	32 ビット符号なし整数	0 ～ $2^{32}-1$
u64	64 ビット符号なし整数	0 ～ $2^{64}-1$
u128	128 ビット符号なし整数	0 ～ $2^{128}-1$
f32	32 ビット浮動小数点数	1.175494×10^{-38} ～ 3.402823×10^{38}
f64	64 ビット浮動小数点数	$2.225074 \times 10^{-308}$ ～ 1.797693×10^{308}
isize	符号なし整数型	アーキテクチャ依存

(つづき)

型	意味	範囲
usize	整数型	アーキテクチャ依存
bool	ブール型	true, false
char	文字	アルファベット、記号、数字、漢字など
str	文字列	アルファベット、記号、数字、漢字など

3.9.3 基本的な用語

基本的な用語を**表 3.3** にまとめました。これらはすべて覚えておきましょう。

表 3.3 用語

用語	意味
命令文	プログラムを構成する要素
式	評価された値を生成する命令文
文	値を生成しない命令文
構文	命令文の書式を定めたもの
ブロック	命令文のかたまり
宣言	変数やユーザ定義関数において、ある名前を使うことをコンパイラに伝えること
定義	変数や関数の値や処理内容をコンパイラに伝えること
予約語	変数名や関数名などの識別子に使用できない字句
キーワード	制御構造などの意味をもつ予約語を特にキーワードという
変数	データやオブジェクトが格納されているアドレスを記憶するもの
可変変数	プログラム実行中に値を変更できる変数
型	プログラムで扱うデータを種類によって分類したもの
条件分岐	与えられた条件によってプログラムの動作を分岐させること
ループ処理	同じような処理を繰り返して行うこと
関数	ある処理をするために記述されたブロック
引数	関数へ渡すデータ
戻り値	関数が呼び出し元へ渡すデータ
スコープ	変数が有効な範囲
マクロ	規則に従ってコードを置換する機能

Chapter

4

Rust の最初の難関

本章では、プログラミング学習において最初の難関であるポインタの概念やメモリ領域の扱い方について解説します。前章までは、ほんの基礎です。ここからが Rust の素晴らしいところです。

4.1 プログラムの動作原理とメモリの使われ方

コンピュータ上でプログラムが動く仕組みを理解するためには、メモリがどのように使われるかを理解しなければなりません。また、**メモリ管理**は**セキュアプログラミング**を学ぶうえで非常に重要です。本節では、プログラムの動作とメモリの関係を明確にしながら、Rustの文法を解説します。

4.1.1 仮想アドレス空間

各プログラムは、実行時にメモリの一部を使用します。ただし、メモリ上のどのアドレスに対してもアクセスできるわけではありません。各プログラムが使用できるメモリ空間は、オペレーティングシステムによって管理されます。

プログラムを実行すると、オペレーティングシステムから仮想アドレス空間が与えられます。たとえば、一般に64ビットのLinuxであれば、そのうち48ビットを用いた0x0000000000000000から0x0000FFFFFFFFFFFFのアドレスを使用します。

4.1.2 メモリ領域の分類

各プログラムが使用する仮想アドレス空間は、一般的に「**静的領域**」「**ヒープ領域**」「**スタック領域**」という3つの空間に分類されます。静的領域は、さらに「**テキスト領域**」と「**データ領域**」に分類されます。

それぞれの領域の場所は**図4.1**に示すとおりです。静的領域が一番低いアドレスに確保され、その直後にヒープ領域が位置します。スタック領域はメモリ空間の一番高いアドレスに確保します。なお、プログラムが使用する仮想アドレスの先頭アドレスは、セキュリティ上の問題からランダムで決まります。

静的領域の大きさにより、プログラム実行開始時にどのくらいのメモリ容量が必要であるかがわかります。静的という名前が付いているだけあって、プログラム実行中に必要な容量が変化しません。それに対し、ヒープ領域とスタック領域は、プログラム実行開始時にどれくらいの容量が必要なのかがわかりません。そのため、当該プログラムが利用可能なメモリ空間を挟み撃ちするように領域を使用します。

静的領域は、テキスト領域とデータ領域から構成されます。テキスト領域はプログラムコード（機械語）そのものです。データ領域は、グローバル変数などの静的なデータが格納される領域です。

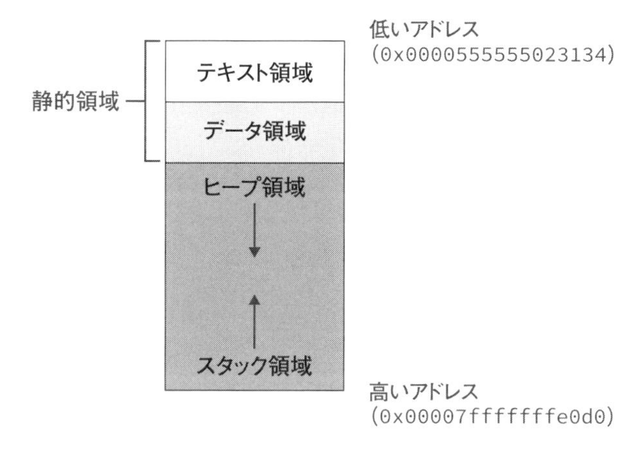

図 4.1　メモリ領域

ヒープ領域は、動的に生成したデータを格納する場所です。このようなデータをオブジェクト（object）と呼びます。たとえば、本章で説明する可変文字列や構造体などのデータはヒープ領域に格納します。

スタック領域は、プログラムが使用する一時的な領域です。プリミティブ型のローカル変数は、スタック領域に格納されます。スタックは後入れ先出し（Last In First Out：LIFO）形式のデータ構造です。main 関数がスタックの一番底の領域を使用し、関数を呼び出すとその上に呼び出した関数が使用する領域が確保されます。関数の処理が終了すると、使用している領域が解放されます。

メモリの使われ方に関する詳しい情報は、セキュリティに関する書籍 *1 などを参考にしてください。

本章のプログラム例では、変数がどの領域に格納されているかを意識しながらソースコードの説明を行います。

4.2 ポインタ

ポインタ（pointer）とは、仮想アドレス空間内のメモリアドレスを保持する変数です。第 3 章で説明したプリミティブ型の変数はデータそのものを保持しています。これに対して、**ポインタ型の変数**はデータが格納されているメモリ上のアドレスを保

*1　『コンピュータハイジャッキング』酒井和哉（著）／ 2018 ／オーム社

持します。プログラムでは、ポインタ型変数が指すアドレスを参照することによって、データにアクセスします。

ポインタ型には、**生ポインタ**（raw pointer）と**参照**（reference）があります。

生ポインタはアドレスそのものを扱うための型で、C言語やC++で用いるポインタと似ています。アドレスそのものを扱うため、生ポインタのアドレスが有効なメモリ領域を参照していることと、参照先にデータが格納されていることが保証されません。これらはすべて**プログラマーの責任で管理**します。

プリミティブ型の変数がデータを入れる箱だとすれば、ポインタはデータが入っている箱の場所の情報になります。この概念を視覚化すると、**図4.2**のようになります。

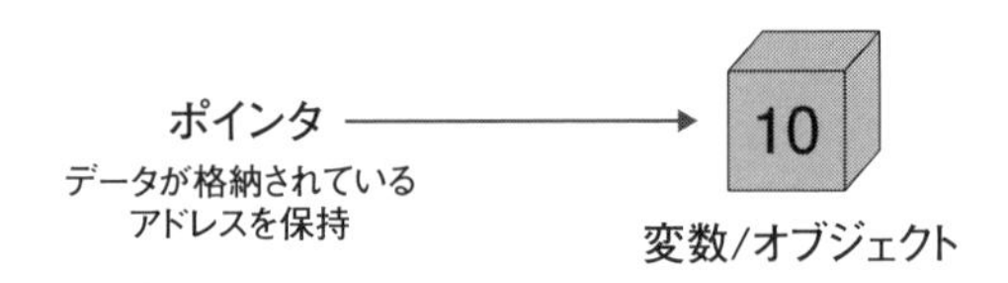

図4.2　ポインタの概念

また、ポインタ型の変数は、静的領域、ヒープ領域、スタック領域のどの領域にあるアドレスでも保持できます。

一方、**参照型**は**図4.3**に示すとおり、ある型の値へのアドレスを参照するものです。生ポインタと違い、**Rust側がアドレスの管理**を行うため、参照先のアドレスが有効なメモリ領域であることと、参照先にデータが格納されていることが保証されます。

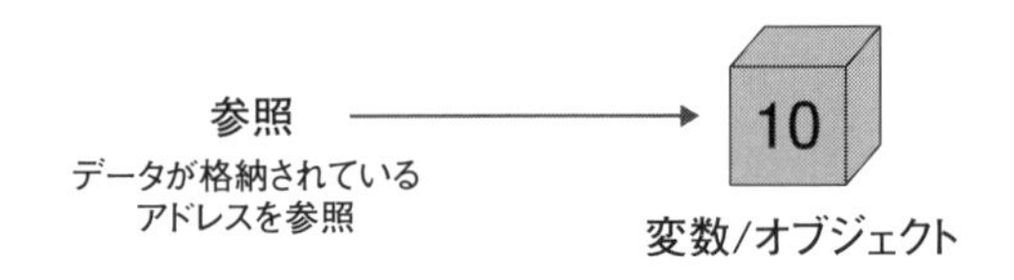

図4.3　変数と参照

4.2.1 生ポインタ

生ポインタは、C言語やC++と同じような感覚でポインタを使用することができます。生ポインタの宣言自体は安全ですが、ポインタが指すアドレスに格納されている値にアクセスする場合は安全ではありません。この行為を**参照外し**と呼びます。参照外しを行う箇所は安全ではないため、その箇所を明示的にunsafeブロックで囲む必要があります。

従来のシステムプログラミング言語では、生ポインタの使用が必要不可欠でした。

生ポインタの取り扱いでミスが起こると、ソフトウェアバグやセキュリティホールの原因となります。参照で事足りるなら、生ポインタを使用することは推奨できません。しかし、組込みシステムなどのプログラムでは、生ポインタを使う必要があります。そこで Rust では、コンパイラで安全性が保証できない箇所は unsafe ブロックで囲むことにより、柔軟に対応できるようになっています。この場合はプログラマー自身で安全性を確保してください。

4.2.2 生ポインタの宣言

変数に対する生ポインタは、次の書式で宣言します。

構文 生ポインタの宣言

```
let ポインタ変数名; *const 型名 = &変数名;
```

たとえば、i32 型の変数 x を宣言し、変数 x に対する生ポインタ（変数名 ptr という**ポインタ変数**）を生成したい場合は、`let ptr: *const i32 = &x;` となります。

変数 x の前に **&**（アンパーサンド）が付いていることに注目してください。アンパーサンドによって、変数 x の値ではなく、x の値が格納されているアドレスを参照します。また、ポインタ変数の型とポインタが指す変数の型は同じにしなければエラーとなるので注意してください。

変数 x とポインタ変数 ptr の関係を図で表すと、**図 4.4** のようになります。変数 x の値は整数の 1 で初期化されていて、変数 x が格納されているアドレスは 0x7fffffff1100 と仮定します。この場合、ポインタ変数 ptr の値はアドレス 0x7fffffff1100 となります。

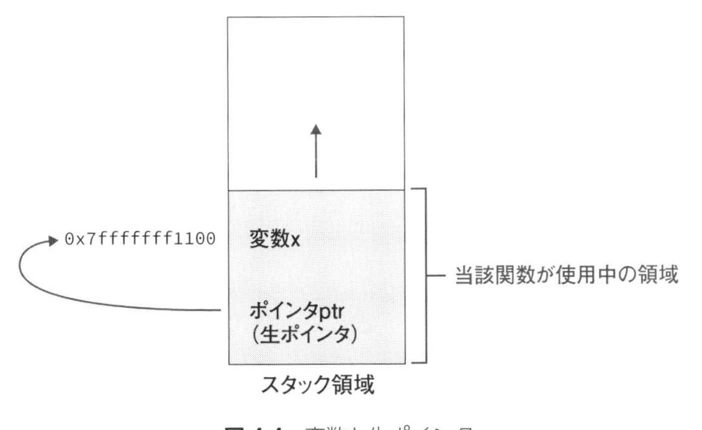

図 4.4　変数と生ポインタ

参照外し

アドレスではなくポインタ変数が指す変数の値にアクセスする場合は、ポインタ変数名の前に `*`（アスタリスク）を付け加えて `*` **変数名**と記述します。たとえば `*ptr` と記述すれば、ポインタの中身を取り出すことができます。

前述のとおり、`*ptr` と記述することは**参照外し**を行うことにほかなりません。そのため `*ptr` を記述した箇所は安全ではなく、当該箇所を明示的に unsafe ブロックで囲む必要があります。

生ポインタの例

ソースコード 4.1 にポインタ変数の使い方の例を示します。ある変数を指すポインタを生成し、その値と変数が格納されされているアドレスを表示するプログラムです。

ソースコード 4.1 生ポインタ

ファイル名「**~/ohm/ch4-2/rawptr1.rs**」

```
1  fn main() {
2      let x: i32 = 1; // 変数
3      let ptr: *const i32 = &x; // ポインタ変数
4
5      // ptrが指すアドレスに格納されている値を表示
6      unsafe {
7          println!("ptrが指すアドレスに格納されている値 = {}", *ptr);
8      }
9
10     // ptrのアドレスを表示
11     println!("ptrの値 = {:?}", ptr);
12 }
```

ソースコードの概要

- **2 行目** 変数 x を宣言し、整数の 1 で初期化
- **3 行目** ポインタ変数 ptr を宣言し、変数 x のアドレスで初期化
- **7 行目** ポインタ変数 ptr が指すアドレスに格納されている値を表示
- **11 行目** ポインタ変数 ptr の値を表示

2行目で変数 x を宣言し、整数の 1 で初期化します。3行目でポインタ変数 ptr を宣言して、変数 x のアドレスで初期化します。この時点で、ptr の値は変数 x のアドレスになり、*ptr の値はポインタが指す変数の値（x の値）となります。

7行目で ptr が指す変数の値を表示します。7行目の命令では参照外しを行うため、6行目～8行目に示すとおり unsafe ブロックで囲みます。

11行目で ptr の値(変数 x のアドレス)を表示します。アドレスなので、表示フォーマットとして？（クエスチョンマーク）を指定します。

ソースコード 4.1 をコンパイルして実行した結果を**ログ 4.1** に示します。4行目で ptr の値が `0x7ffeec2227e4` となっていますが、この値が変数 x が格納されているアドレスです。このアドレスはプログラムの実行ごとに変化します。

なお、筆者はプログラムの実行に macOS を用いているので、64 ビットのうち 48 ビットしかアドレス空間に使っていません。

ログ 4.1 rawptr1.rs プログラムの実行

```
1  $ rustc rawptr.rs
2  $ ./rawptr
3  ptrに格納されている値 = 1
4  ptrの値 = 0x7ffeec2227e4
```

4.2.3 生ポインタが指す値の変更

ポインタを用いて変数の値を変更する方法を説明します。参照外しによって、ポインタが指すアドレスに格納されている値にアクセスできることを説明しました。本項では、ポインタが指す値を変更する方法を見ていきます。

可変変数とする場合は、*const の代わりに *mut というキーワードを指定する必要があります。もちろんポインタが指す変数も、次のように可変変数として宣言する必要があります。

構文 生ポインタの可変変数の宣言

```
let ポインタ変数名: *mut 型 = &mut 変数名;
```

さっそく例を見てみましょう。ポインタ変数を介して変数の値を変更するプログラムを**ソースコード 4.2** に示します。

ソースコード 4.2 生ポインタと可変変数

ファイル名「**~/ohm/ch4-2/rawptr2.rs**」

```
1  fn main() {
2      let mut x: i32 = 1; // 変数
3      let ptr: *mut i32 = &mut x; // ポインタ変数
4
5      // ptr が指すアドレスに格納されている値を表示
6      unsafe {
7          println!("変更前：アドレス = {:?}, xの値 = {}", ptr, *ptr);
8
9          *ptr = 99; // xの値を変更
10         println!("変更後：アドレス = {:?}, xの値 = {}", ptr, *ptr);
11     }
12 }
```

ソースコードの概要

- **2行目** 可変変数 x を宣言し、整数の 1 で初期化
- **3行目** 可変ポインタ変数 ptr を宣言し、可変変数 x のアドレスで初期化
- **7行目** ptr が指すアドレスと参照先の値（x の値）を表示
- **9行目** 変数 x の値を整数の 99 に変更
- **10行目** ptr が指すアドレスと参照先の値（x の値）を再度表示

2行目で可変変数 x を宣言し、整数の 1 で初期化します。**3行目**で可変ポインタ変数 ptr を宣言し、可変変数 x のアドレスで初期化します。値を変更するため、x と ptr に mut キーワードを付けます。

7行目で、現在の ptr の値（可変変数 x のアドレス）と参照先の値（可変変数 x の値）を表示します。整数の 1 で初期化しているので、*ptr の値は 1 となるはずです。

9行目で、*ptr に 99 を代入します。ptr は可変変数 x のアドレスを指しているため、その場所に整数の 99 が保存されます。すなわち、可変変数 x の値が 99 に変更されます。**10行目**で、ptr の値（可変変数 x のアドレス）と参照先の値（可変変数 x の値）を再度表示します。ptr の値はそのままですが、*ptr の値は 99 に変更されるはずです。

ソースコード 4.2 をコンパイルして実行した結果を**ログ 4.2** に示します。想定どおりの結果が得られていることが確認できます。なお、アドレスの値は実行ごとに変化します。

ログ 4.2 rawptr2.rs プログラムの実行

```
1 $ rustc rawptr2.rs
2 $ ./rawptr2
3 変更前：アドレス = 0x7ffeec7757a0, xの値 = 1
4 変更後：アドレス = 0x7ffeec7757a0, xの値 = 99
```

4.2.4 可変ポインタ

生ポインタはポインタ型の変数ですから、デフォルトでは変速束縛が適用されます。可変にしたい場合は、mut キーワードを加えます。書式は次のとおりです。

構文 可変ポインタ

```
let mut 変数名: *const 型 = &参照先の変数名;
```

生ポインタの値を変更するので、mut キーワードはポインタ型変数の前に付けることに注意してください。

ポインタ型の変数の変更は、**ポインタ変数名 = &変数名;** と記述します。たとえば、次のコードを考えてみます。

```
let x: i32 = 10;
let y: i32 = 20;
let mut ptr: *const i32 = &x;
ptr = &y;
```

ポインタ変数が保持する値は変数 x のアドレスですが、ptr = &y; を実行した時点で、変数 y のアドレスに変更されます。これを視覚化すると**図 4.5** のようになります。

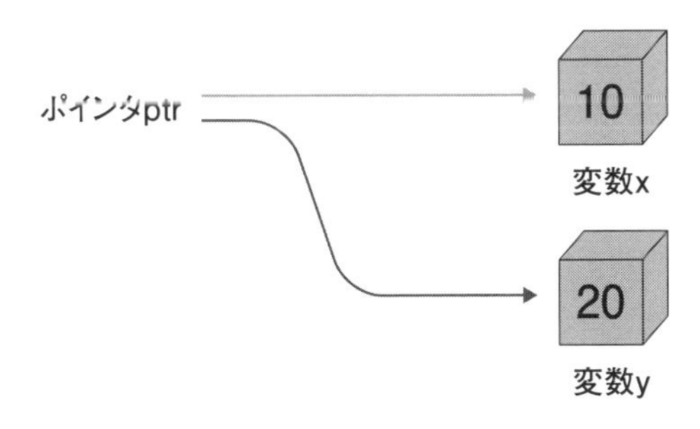

図 4.5 可変ポインタ変数

ソースコード 4.3 に可変ポインタの使用例を示します。グローバル変数とローカル変数を用意し、生ポインタが参照する変数をプログラムの途中で変更する内容になっています。

ソースコード 4.3 可変ポインタの使用例

ファイル名「~/ohm/ch4-2/mutrawptr.rs」

```
static GLOBAL: i32 = 99;

fn main() {
    let local: i32 = 10; // 変数
    let mut ptr: *const i32 = &local; // ポインタ変数

    // ptrの情報を表示
    unsafe {
        println!("*ptr = {}", *ptr);
    }
    println!("ptr = {:?}", ptr);

    // ptrを変更
    ptr = &GLOBAL;

    // 変更後のptrをの情報を表示
    unsafe {
        println!("*ptr = {}", *ptr);
    }
    println!("ptr = {:?}", ptr);
}
```

ソースコードの概要

- 1行目 グローバル変数 GLOBAL を宣言し、整数の 99 で初期化
- 4行目 ローカル変数 local を宣言し、整数の 10 で初期化
- 5行目 ポインタ変数 ptr を宣言し、local を参照させる
- 9行目 と 11行目 ptr が保持するアドレスと参照先の値を表示
- 14行目 ptr の参照先を GLOBAL に変更
- 18行目 と 20行目 ptr が保持するアドレスと参照先の値を表示

1行目 でグローバル変数 GLOBAL を宣言し、i32 型の 99 で初期化します。main 関数内では、4行目 でローカル変数 local を宣言し、i32 型の 10 で初期化しま

す。5行目では、ポインタ変数 ptr を宣言し、local を参照するようにします。ここでは ptr を可変ポインタ型にするため、mut キーワードを付けます。

9行目で ptr が参照するアドレスに格納されている値を表示します。local の値が 10 なので、10 が表示されます。11行目では、ptr の値（変数 local が格納されているアドレス）を表示するので、スタック領域内のアドレスが表示されます。println! マクロのプレースホルダーのフォーマットとして :? を指定しています。これは内部の状態をできるだけそのまま出力するという意味です。

14行目で、ptr が参照するアドレスをグローバル変数である GLOBAL に変更します。

18行目で、ptr が参照するアドレスに格納されている値を表示します。今度は、GLOBAL の値が表示されるので、99 となるはずです。20行目では、ptr の値（変数 GLOBAL が格納されているアドレス）を表示します。静的領域内のアドレスを参照しているはずです。

プログラム実行後のポインタが参照する様を視覚化すると**図 4.6** のようになります。

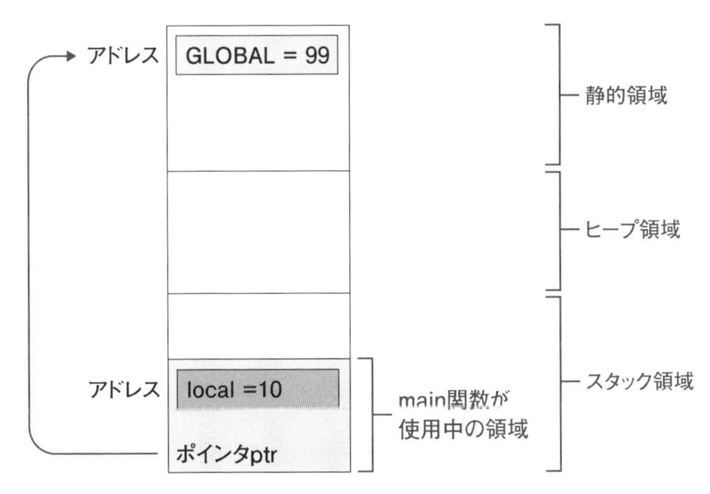

図 4.6　ローカル変数からグローバル変数へポインタの参照先を変更

ソースコード 4.3 をコンパイルして実行した結果を**ログ 4.3** に示します。静的領域とスタック領域が確保される仮想メモリ空間の位置の関係から、ローカル変数のアドレスに比べてグローバル変数のアドレスが小さくなっています。

なお、プログラム実行ごとに4行目と6行目のアドレスは変化します。

ログ 4.3 mutrawptr.rs プログラムの実行

```
1 $ rustc mutrawptr.rs
2 $ ./mutrawptr
3 *ptr = 10
4 ptr = 0x7ffeeecc3744
5 *ptr = 99
6 ptr = 0x100f85b80
```

4.2.5 参照型（Box 型）

参照という概念の理解のために、Box 型の説明をします。Box 型は、ヒープ領域に格納したデータへの参照を保持する型です。Rust の標準ライブラリとして提供されています。

第 3 章ではさまざまなプリミティブ型について解説しました。これらの型をローカル変数として定義した場合、実際のデータはスタック領域に格納されます。そして、その変数の値はデータそのものです。Box 型を用いた場合、データはヒープ領域に格納され、Box 型変数の値はデータへの参照となります。

Box 型は抽象的な型です。実際の値は整数や実数、文字列などを要素として保持します。Box 型変数の宣言は次のとおりです。

構文 Box 型変数の宣言

```
let 変数名: Box< 型 > = Box::new(値);
```

new メソッドは Box 型が提供する静的メソッドで、初期値を設定するために使用します。初期値は () 内に記述します。

ソースコード 4.4 に Box 型の例を示します。i32 型の 10 を保持するオブジェクトを生成するプログラムです。

ソースコード 4.4 Box 型

ファイル名「**~/ohm/ch4-2/box.rs**」

```
1 fn main() {
2     let b: Box<i32> = Box::new(10);
3     println!("b = {}", b);
4 }
```

ソースコードの概要

2行目 i32 型を要素にもつ Box 型変数 b を宣言し、整数の 10 で初期化

3行目 b の値を表示

2行目で変数 b を宣言し、i32 型を要素にもつ Box オブジェクトを生成します。整数の値は 10 としています。**3行目**で b の値を表示しています。ここでは b が参照する値を出力するので、10 という数字が表示されます。

Box オブジェクトは**図 4.7** に示すとおりヒープ領域に格納され、ポインタ変数 ptr はヒープ領域内のアドレスを保持します。

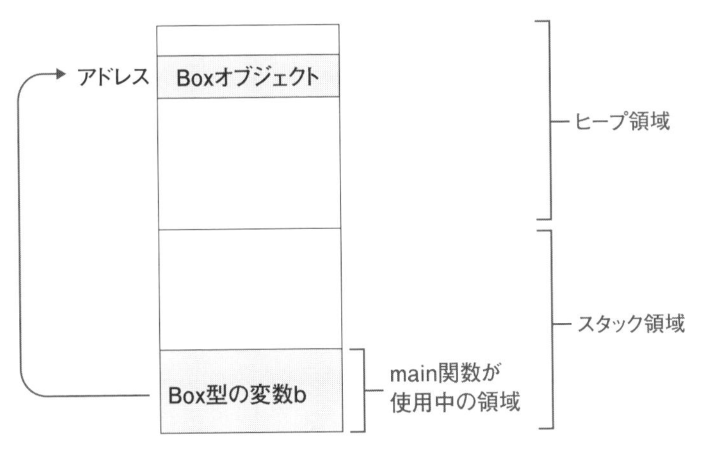

図 4.7 Box オブジェクトが格納される場所

ソースコード 4.4 をコンパイルして実行した結果を**ログ 4.4** に示します。出力結果では判断できませんが、変数の値はヒープ領域に格納されています。

ログ 4.4 box.rs プログラムの実行

```
1 $ rustc box.rs
2 $ ./box
3 b = 10
```

4.2.6 文字列

文字列とは、複数の文字からなる型です。たとえば "Hello world." はアルファベットの文字列です。もちろん日本語の文字列も扱えます。また、"1234" という数字も、

文字列として宣言すれば4文字の文字列として扱うことができます。

コンピュータ内の文字はすべて**文字コード**で識別されます。Rustでは、文字コードとしてUTF-8を用います。値としては**符号なし整数型**（u8型）と同じです。言い換えると、文字列は文字コードのシーケンスです。

Rustで文字列を扱う場合、プリミティブ型の**str型**と構造体の**String型**があります。str型は初期化したあとに変更ができない文字列です。なお、str型で定義した文字列の情報は静的領域に格納されます。可変文字列を扱う場合はString型を使用します。String型については本章の第4.6節で解説します。

str型は**文字列スライス**とも呼ばれます。スライスは抽象的な概念です。詳しくは本章の第4.7節で説明します。文字列スライスは、ポインタ（文字列が格納されているアドレス）と文字列の大きさを保持すると考えてください。

str型の基本

文字列の宣言は、次のように記述します。

構文 str型変数の宣言

```
let 変数名: &str = "文字列";
```

strキーワードの前に&が付いていることに気づくと思います。実は、str型の変数はポインタと同様に、文字列の一番最初の文字が格納されているアドレスを指します。

str型にもさまざまなメソッドが用意されています。例としては、文字列の大きさを取得するためのlenメソッドや、小文字のアルファベットをすべて大文字に変換するためのto_uppercaseメソッドなどがあります。

ソースコード4.5にstr型の例を示します。str型の文字列を定義して、文字列の内容や情報を表示するプログラムです。

ソースコード4.5 str型の基本

ファイル名「**~/ohm/ch4-2/str.rs**」

```
1 fn main() {
2     let name: &str = "Alice";
3 
4     println!("私の名前は{}です。", name);
5     println!("文字列の長さ = {}", name.len());
6     println!("大文字に変換後の文字列 = {}", name.to_uppercase());
7 }
```

ソースコードの概要

2行目 str型変数nameを宣言し、Aliceという文字列で初期化
4行目 nameの内容を表示
5行目 nameの大きさを表示
6行目 nameが参照する文字列のアルファベットを大文字に変換して表示

2行目でstr型変数nameを宣言し、Aliceという文字列で初期化します。文字列の大きさは5です。

4行目では、nameの文字列をそのまま表示します。**5行目**では、文字列の長さを出力するので、5と表示されるはずです。**6行目**では、文字列を大文字に変換して表示します。その結果、ALICEという文字列が表示されるはずです。

ソースコード4.5をコンパイルして実行した結果を**ログ4.5**に示します。変数nameの文字列がAlice、文字列長が5、大文字に変換したあとの文字列がALICEとなっていることが確認できます。

ログ4.5 str.rsプログラムの実行

```
1  $ rustc str.rs
2  $ ./str
3  私の名前はAliceです。
4  文字列の長さ = 5
5  大文字に変換後の文字列 = ALICE
```

文字コードとマルチバイト文字

ここでは文字コードを実際に見てみます。また、マルチバイト文字という文字について説明します。

文字コードの型はu8です。1バイトの非負の整数であるため、0～255の値になります。UTF-8では、数字やアルファベット、記号は1バイトで定義されます。

英語であれば1バイトの文字コードだけで十分ですが、ひらがなやカタカナや漢字を扱う場合、1バイトでは情報量が足りません。そこで、マルチバイト文字が定義されています。1バイト～4バイトまでの文字コードが定義されており、実は絵文字用の文字コードまであります。なお、日本語の全角ひらがな、全角カタカナ、漢字は3バイトです。

では、「Ohm社」という文字列を例にします。Ohmはアルファベットなので、UTF-8では1バイト文字で定義されます。大文字のOは79、小文字のhは104、小文字のmは109で定義されています。一方、漢字の「社」は231と164と190の3バイトで定義されます。そのため、**図4.8**に示すように、Ohm社の文字列の大

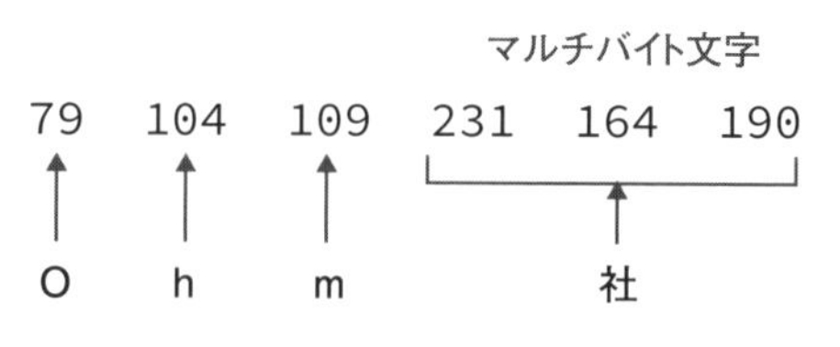

図 4.8 文字コードとマルチバイト文字

きさは6になります。

文字列の文字コードを調べるためには、as_bytes メソッドを使用します。引数は必要ありません。戻り値は u8 型の配列です。なお、配列に関しては次節（第 4.3 節）で説明します。

ソースコード 4.6 に例を示します。文字列を定義して、文字列を構成する各文字の文字コードを表示するプログラムです。

ソースコード 4.6 文字コードとマルチバイト文字

ファイル名「**~/ohm/ch4-2/strcode.rs**」

```
 1  fn main() {
 2      // アルファベット
 3      let letters = "abcde";
 4      println!("文字列の大きさ = {}", letters.len());
 5      println!("UTF8 = {:?}", letters.as_bytes());
 6  
 7      // 漢字
 8      let kanji = "Ohm社";
 9      println!("文字列の大きさ = {}", kanji.len());
10      println!("UTF8 = {:?}", kanji.as_bytes());
11  }
```

ソースコードの概要

- **3 行目** 変数 letters を宣言し、「abcde」という文字列で初期化
- **4 行目** letters の大きさを表示
- **5 行目** letters の文字コードを表示
- **8 行目** 変数 kanji を宣言し、「Ohm 社」とい文字列で初期化
- **9 行目** kanji の大きさを表示
- **10 行目** kanji の文字コードを表示

3行目で str 型の変数 letters を宣言し、「abcde」という文字列で初期化します。4行目で letters の大きさを表示します。大きさは5となるはずです。5行目では、lettres 内の各文字の文字コードを表示します。各アルファベットが u8 型の数字に対応しています。

8行目で str 型の変数 kanji を宣言し、「Ohm 社」という文字列で初期化します。9行目で kanji の大きさを表示します。文字列内に含まれている「社」という漢字は、マルチバイト文字で3バイト使用します。そのため、kanji の大きさは文字列長より大きい値になります。10行目で kanji 内の各文字の文字コードを表示します。

`letters.as_bytes()` の戻り値は配列ですが、とりあえず println! マクロのプレースホルダーで `{:?}` とフォーマットを記述して、文字コードのシーケンスを表示できると考えてください。

ソースコード 4.6 をコンパイルして実行した結果を**ログ 4.6** に示します。letters のほうは、文字列の大きさが 5 です。abcde のそれぞれの文字コードは、97、98、99、100、101 です。

kanji のほうは、図 4.8 で説明したとおりです。Ohm はアルファベットなので、それぞれ 1 バイトの文字コードに対応します。一方、漢字の「社」は 3 バイト使用し、文字コードは6行目で表示されているとおり 231 と 164 と 190 に対応します。

ログ 4.6 strcode.rs プログラムの実行

```
1 $ rustc strcode.rs
2 $ ./strcode
3 文字列の大きさ = 5
4 UTF8 = [97, 98, 99, 100, 101]
5 文字列の大きさ = 6
6 UTF8 = [79, 104, 109, 231, 164, 190]
```

4.3 配列

配列（**array**）とは、複数のデータを保存するための型です。それぞれのデータは、メモリ上の連続した領域に保存されます。

配列は複数のデータを 1 つの変数として扱えます。たとえば、整数の集合 {2, 4, 6, 8, 10} があったとします。それぞれの整数を記録するためには整数の数だけ変数が必要ですが、膨大な数になってくるとデータと変数の扱いが難しくなります。そこで配列では、配列の変数名とインデックス（位置番号）を指定して、各データにアクセスすることができます。

配列の概念図を**図 4.9** に示します。メモリ上の連続した領域に整数が格納されている状態を図にしています。配列の各要素には、2、4、6、8、10 が保存されています。

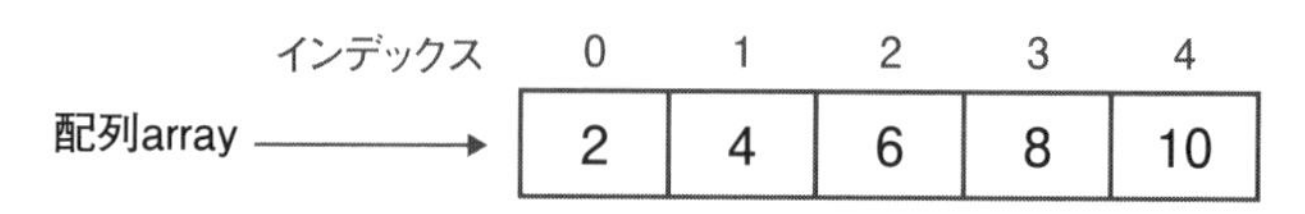

図 4.9　配列の概念

配列のインデックスは 0 から始まります。各要素を指定する場合、一般的には**変数名 [インデックス]** という書式となります。たとえば、1 つ目の要素は `array[0]` となります。array には 5 つの要素が含まれているので、array[0] ~ array[4] の要素にアクセスできます。

ここで注意していただきたいのは、配列変数自体はデータが保存されているアドレスを保持していることです。つまり、ポインタと同様なのです。そして、インデックスを指定すると、その箇所に格納されている値にアクセスできます。

4.3.1 配列の基本

配列のデータはスタック領域に保存されます。そのため、配列の大きさは宣言時に指定する必要があります。ここで配列の大きさとは、要素数のことです。また、各要素を初期化する必要があります。

各要素を初期化するにはいくつかの方法がありますが、まず一番簡単な記述方法から始めます。配列の宣言は次の書式で行います。

構文 配列の宣言

```
let 変数名 = [要素, 要素, ..., 要素];
```

各要素をカンマで区切って必要な数の値を記述します。整数の集合 {2, 4, 6, 8, 10} をこの順番に配列に入れたい場合は、`let array = [2, 4, 6, 8, 10];` と記述します。

また、配列の大きさが大きすぎるとメモリ領域を確保できないため、エラーが出ます。

配列の例を**ソースコード 4.7** に示します。配列を整数で初期化して、for ループを用いて各要素を表示するプログラムです。

ソースコード 4.7 配列の基本

ファイル名「~/ohm/ch4-3/array1.rs」

```
1  fn main() {
2      let array = [2, 4, 6, 8, 10];
3  
4      for i in 0..5 {
5          println!("array[{}] = {}", i, array[i]);
6      }
7  }
```

ソースコードの概要

2行目 配列変数 array を宣言して、整数で初期化

4行目 ～ 6行目 for ループで、array の各要素を表示

2行目で配列変数 array を宣言し、宣言文の右辺で初期化します。配列の大きさは5となります。4行目～6行目では for ループを用いて、array[0] ～ array[4] の値をそれぞれ表示します。

ソースコード 4.7 をコンパイルして実行した結果を**ログ 4.7** に示します。array[0] ～ array[4] の値は、2行目で初期化したとおりの値になっていることが確認できます。

ログ 4.7 array1.rs プログラムの実行

```
1  $ rustc array1.rs
2  $ ./array1
3  array[0] = 2
4  array[1] = 4
5  array[2] = 6
6  array[3] = 8
7  array[4] = 10
```

4.3.2 配列の型と大きさ

次のように、配列の宣言時に型と大きさを明示的に指定することも可能です。

構文 配列の型と大きさの指定

```
let 変数名: [型; 大きさ] = [値, 値, ..., 値];
```

たとえば、f64 型で大きさが 4 の配列の場合は、[f64;4] と指定します。型と大きさを指定しない場合、コンパイラが初期値を確認し、要素の型と配列の大きさを自動的に決めます。

ソースコード 4.8 に例を示します。型と大きさを指定して配列を宣言し、各要素を表示するプログラムです。

ソースコード 4.8 配列の型と大きさ

ファイル名「**~/ohm/ch4-3/array2.rs**」

```
1 fn main() {
2     let array: [f64;4] = [1.3, 23.3, 0.0, -55.2];
3 
4     for i in 0..4 {
5         println!("array[{}] = {}", i, array[i]);
6     }
7 }
```

ソースコードの概要

2 行目 f64 型、大きさが 4 の配列 array を宣言し、実数の 1.3、23.3、0.0、-55.2 で初期化

4 行目 ～ 6 行目 for ループで、array の各要素を表示

2 行目で f64 型、大きさが 4 の配列 array を宣言し、実数の 1.3、23.3、0.0、-55.2 で各要素を初期化します。大きさを指定しているので、初期化する要素数に間違いがあるとエラーが出ます。**4 行目**～**6 行目**の for ループで、array の各要素の値を表示します。

ソースコード 4.8 をコンパイルして実行した結果を**ログ 4.8** に示します。array の各要素の値が表示されることが確認できます。

ログ 4.8 array2.rs プログラムの実行

```
1 $ rustc array2.rs
2 $ ./array2
3 array[0] = 1.3
4 array[1] = 23.3
5 array[2] = 0
6 array[3] = -55.2
```

配列の要素は、文字型（char）やブール型（bool）なども指定できます。異なる型で配列を宣言するなどして、複数のパターンを試してみましょう。

4.3.3 配列の初期化

これまでの配列の初期化では、配列の大きさに合わせてひとつひとつ値を指定しました。しかし、要素数が増えると非常に手間がかかります。そこで、本項では初期値を一括で設定する方法を説明します。

配列変数の宣言時に右辺を `[ 初期値 ; 大きさ ];` という書式で初期化します。

構文 配列の初期化

```
let 変数名 = [初期値; 大きさ];
```

たとえば、大きさが 10 で、変数名が array の配列を宣言するならば、`let array = [0; 10];` などとします。

ここで配列の大きさは、オペレーティングシステムのアーキテクチャに依存します。当然ですが、配列の大きさは非負の整数です。そのため、大きさの型は usize です。

ソースコード 4.9 に例を示します。大きさが 10 の可変配列変数を宣言して、すべての要素を整数の 0 で初期化します。配列の値をあとで変更するので可変変数として宣言します。そして、配列の i 番目の要素を i × 10 の整数で上書きします。その後、配列の各要素を表示するプログラムです。

ソースコード 4.9 配列の初期化

ファイル名「**~/ohm/ch4-3/array3.rs**」

```
1  fn main() {
2      const N: usize = 10;
3      let mut array = [0; N];
4  
5      // 配列の要素を更新
6      for i in 0..N {
7          array[i] = 10 * i;
8      }
9  
10     // 配列の要素を表示
11     for i in 0..N {
12         println!("array[{}] = {}", i, array[i]);
13     }
14 }
```

ソースコードの概要

2行目 usize 型の定数 N を宣言し、10 で初期化

3行目 大きさが N の配列 array を宣言し、すべての要素を整数の 0 で初期化

6行目～8行目 array[i] を整数の i × 10 で上書き

11行目～13行目 array の各要素を表示

2行目で usize 型の定数 N を宣言し、整数の 10 で初期化します。

3行目で配列 array を宣言して、すべての要素を整数の 0 で初期化します。大きさは N です。**2行目**で N の値を 10 にしているので、配列の大きさは 10 となります。配列は宣言時に大きさが決まります。そのため、大きさの指定は定数でなければなりません。let 命令で宣言した変数で配列の大きさを指定するとエラーが出ます。

6行目～**8行目**で各要素の値を上書きします。array[i] の値は i × 10 なので、0、10、20 などの数字が各要素に格納されます。**11行目**～**13行目**で、array の各要素の値を表示します。

ソースコード 4.9 をコンパイルして実行した結果を**ログ 4.9** に示します。array の初期値はすべて 0 ですが、**6行目**～**8行目**の for ループで上書きしたとおりの値になっていることが確認できます。

ログ 4.9 array3.rs プログラムの実行

```
1  $ rustc array3.rs
2  $ ./array3
3  array[0] = 0
4  array[1] = 10
5  array[2] = 20
6  array[3] = 30
7  array[4] = 40
8  array[5] = 50
9  array[6] = 60
10 array[7] = 70
11 array[8] = 80
12 array[9] = 90
```

ここでは、配列の大きさを定数を用いて指定しました。ソースコードのＮの値を変更すると配列の大きさが変わり、プログラムの実行結果も変化します。

4.3.4 2次元配列

これまでに扱った配列はすべて1次元配列でした。本項では2次元配列を扱います。同様の要領で3次元配列などの多次元配列を扱うこともできます。

2次元配列の各要素は、**変数名[インデックス1][インデックス2]**と記述してアクセスできます。大きさが3 × 5の配列を**図4.10**に示します。縦軸がインデックス1、横軸がインデックス2に対応します。

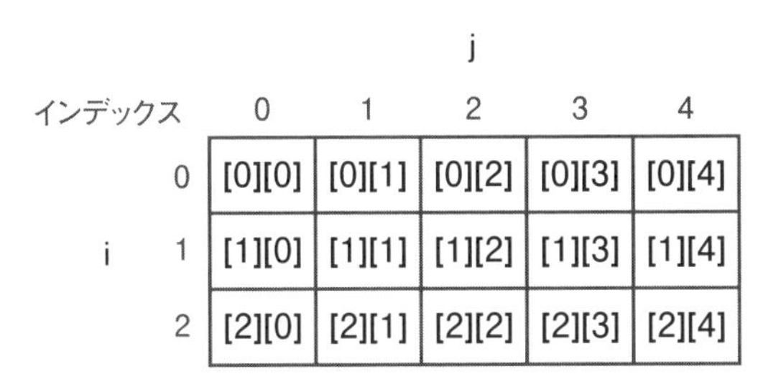

図4.10　2次元配列の概念

2次元配列の初期化は次の要領で行います。

構文 2次元配列の宣言

```
let 変数名 = [[初期値; 大きさ2]; 大きさ1];
```

角括弧をネストすることによって、配列の次元を定義できます。大きさとインデックスの対応は､外側の角括弧の第2引数(大きさ1)がインデックス1(図4.10の縦軸)に対応します｡大きさが3 × 5の配列arrayであれば､`let array = [[0; 5]; 3];`と記述すれば、2次元配列arrayのすべての要素を整数の0で初期化することができます。

一般的に角括弧を次元分だけネストして初期化することによって、多次元配列を宣言できます。

ソースコード4.10に2次元配列の例を示します。2次元配列arrayを定義し、各要素のarray[i][j]に整数値10 ×i + j + 1を格納し、それらを表示するプログラムです。

ソースコード 4.10 2次元配列

ファイル名「**~/ohm/ch4-3/array4.rs**」

```
 1  fn main() {
 2      const N: usize = 3;
 3      const M: usize = 5;
 4      let mut array = [[0; M]; N];
 5
 6      // 配列の要素を更新
 7      for i in 0..N {
 8          for j in 0..M {
 9              array[i][j] = 10 * i + j + 1;
10          }
11      }
12
13      // 配列の要素を表示
14      for i in 0..N {
15          for j in 0..M {
16              println!("array[{}][{}] = {}", i, j, array[i][j]);
17          }
18      }
19  }
```

ソースコードの概要

2行目 定数Nを宣言し、配列の第1次元の大きさとして使用

3行目 定数Mを宣言し、配列の第2次元の大きさとして使用

4行目 可変変数arrayを2次元配列として宣言し、すべての要素を0で初期化

7行目～11行目 array[i][j]に整数値10 × i + j + 1を格納

14行目～18行目 配列の各要素であるarray[i][j]を表示

2行目と**3行目**で、定数Nと定数Mを宣言し、それぞれ整数の3と5で初期化します。この値を**4行目**で宣言する2次元配列arrayの大きさとします。プログラム実行中にarrayの各要素を変更するので、可変変数として宣言しています。また、この段階では整数の0ですべての要素を初期化します。

7行目～**11行目**で、forループをネストし、配列の各要素であるarray[i][j]に整数値10 × i + j + 1を格納します。ループ処理が終了したあとの配列arrayの各要素の値は**図4.11**のようになります。

インデックス	0	1	2	3	4
0	1	2	3	4	5
1	11	12	13	14	15
2	21	22	23	24	25

（行：i、列：j）

図 4.11　2 次元配列の値

14行目～18行目では、for ループをネストして array[i][j] の値を表示します。

ソースコード 4.10 をコンパイルして実行した結果を**ログ 4.10** に示します。2 次元配列 array の各要素の値が図 4.11 と同じになっていることが確認できます。

ログ 4.10　array4.rs プログラムの実行

```
1  $ rustc array4.rs
2  $ ./array4
3  array[0][0] = 1
4  array[0][1] = 2
5  array[0][2] = 3
6  array[0][3] = 4
7  array[0][4] = 5
8  array[1][0] = 11
9  array[1][1] = 12
10 array[1][2] = 13
11 array[1][3] = 14
12 array[1][4] = 15
13 array[2][0] = 21
14 array[2][1] = 22
15 array[2][2] = 23
16 array[2][3] = 24
17 array[2][4] = 25
```

ソースコードを修正して 3 次元配列を作るなりして練習すると、理解度が増します。

4.3.5 配列と文字列

これまでの配列では、配列の各要素に値が格納されていました。本項では、配列の各要素に文字列を入れた場合について解説します。char 型ではなく、str 型なので注意してください。char型であれば、これまで見てきたのと同じ要領で配列を扱えます。

str型の文字列の参照にはポインタを用いますので、str型の配列であれば、各要素の値はアドレスになります。初心者にとっては難しい概念になりますが、プログラミングを学ぶうえで避けては通れない箇所なので、しっかりと理解する必要があります。

str型を指定して次の配列を宣言したとします。

```
let names: [&str; 4] = ["Alice", "Bob", "Chris", "David"];
```

配列namesには、4つの文字列が格納されます。この場合、配列の各要素であるarray[0]～array[3]は、それぞれの文字列が格納されているアドレスを保持します。**図4.12**に視覚化した配列の中身を示します。

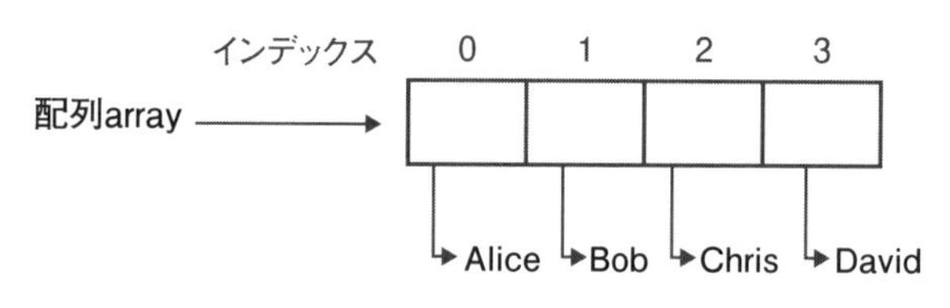

図4.12　配列と文字列

ソースコード4.11にstr型の配列の例を示します。配列の要素を人物名で初期化して、配列の各要素を表示するプログラムです。

ソースコード4.11 配列と文字列

ファイル名「**~/ohm/ch4-3/array5.rs**」

```
1  fn main() {
2      let names: [&str;4] = ["Alice", "Bob", "Chris", "David"];
3
4      for i in 0..4 {
5          println!("names[{}] = {}", i, names[i]);
6      }
7  }
```

ソースコードの概要

2行目　str型、大きさが4の配列namesを宣言し、各要素を文字列で初期化

4行目～6行目　配列namesの各要素を表示

2行目で、str 型、大きさが 4 の配列 names を宣言して、各要素を Alice、Bob、Chris、David という文字列でそれぞれ初期化します。4行目～6行目で、for ループを用いて配列 names の各要素を表示します。

ソースコード 4.11 をコンパイルして実行した結果を**ログ 4.11** に示します。配列 names の各要素が正しく表示されていることが確認できます。

ログ 4.11 array5.rs プログラムの実行

```
1  $ rustc array5.rs
2  $ ./array5
3  names[0] = Alice
4  names[1] = Bob
5  names[2] = Chris
6  names[3] = David
```

4.4 構造体

構造体（**structure**）とは、1 つまたは複数の型から構成される型のことです。複雑な型を作成したいときにユーザが構造体を定義します。

学校や会社の名簿を考えてみてください。名簿の各項目には、個人の情報が記入されています。たとえば、名前や年齢、住所などです。プログラミング上でこれらのデータを保存するには、名前は str 型、年齢は i32 型、住所は str 型として扱います。しかし、これらの情報を個別に管理するのは効率的ではありません。そこで、「名前と年齢と住所」といった複数の情報を、1 つの型として扱うことができると非常に便利です。

まずは簡単な構造体を定義して、その基本を学びます。

4.4.1 構造体の基本

構造体の基本を説明します。構造体の宣言は、次の書式で行います。

構文 構造体の宣言

```
struct 構造体名 {
    構造体の定義
}
```

構造体は型の一種ですから、構造体名は型の名前になります。構造体の定義には、構造体がもつデータの型を記述します。

たとえば、平面上の点を定義するには、x 軸の座標と y 軸の座標の 2 つのデータが必要です。ここでは簡略化のため座標は 32 ビットの整数とします。この場合、構造体の定義の箇所に、**変数名： 型 ,** という書式で、必要な変数と型を列挙します。この構造体を構成するデータをフィールドと呼びます。構造体名を Point とした場合、次のように点を定義できます。

```
struct Point {
    x: i32,
    y: i32,
}
```

各フィールドの変数名は、通常の変数と同様にプログラマーが決めます。ただし、型を指定する必要があります。フィールドを宣言するごとにカンマ (,) で区切ります。

プログラマーが定義した構造体を使用する場合は `let` **変数名** `=` **構造体名** `{` **フィールド名** `1:` **初期値** `,` **フィールド名** `2:` **初期値** `, ..., };` といった書式で、各フィールドの変数名と初期値をそれぞれ指定します。x 軸の値が 10、y 軸の値が 20 の構造体を生成したい場合は、`Point{x: 10, y: 20};` と記述して、変数を初期化します。

構造体を生成した実態を**オブジェクト**と呼びます。オブジェクトは各フィールドの値をもっています。各フィールドにアクセスする場合は、**変数名 . フィールド名**となります。たとえば `let p = Point{x: 10, y: 20};` と宣言した場合、変数 p が構造体のデータを参照しています。**Point 構造体**の変数 x にアクセスする場合は、`p.x` と記述します。

ソースコード 4.12 に、平面上の点を構造体として宣言する例を示します。平面上の点を定義するための構造体 Point を宣言し、main 関数内で点を生成するプログラムです。

ソースコード 4.12 構造体の例

ファイル名「**~/ohm/ch4-4/struct.rs**」

```
1  struct Point {
2      x: i32,
3      y: i32,
4  }
5
6  fn main() {
```

```
7     let p = Point{x: 10, y: 20};
8     println!("(x, y) = ({}, {})", p.x, p.y);
9 }
```

ソースコードの概要

1行目～4行目　2つのフィールドをもつ構造体Pointを宣言

7行目　変数pを宣言し、Point構造体のオブジェクトを生成

Pointという名前の構造体の宣言を1行目～4行目で行っています。フィールドは変数xとyの2つです。

7行目では、変数pを宣言し、Point構造体のオブジェクトを生成します。各フィールドの初期値は、xが10でyが20としています。変数pは生成したオブジェクトが格納されているアドレスを指します。

8行目で、構造体のフィールドの値を表示しています。変数xとyの値がそれぞれ10と20なので、ターミナルには(10, 20)と表示されるはずです。

ソースコード4.12をコンパイルして実行した結果を**ログ4.12**に示します。生成したオブジェクトの各フィールドの値が正しく表示されていることが確認できます。

ログ4.12 struct.rsプログラムの実行

```
1 $ rustc struct.rs
2 $ ./struct
3 (x, y) = (10, 20)
```

タプル型との違い

第3章では、**タプル型**で点を表現しました。タプル型は引数の順番によってフィールドを識別していましたが、構造体を用いてPointを定義する場合は、フィールド名によってデータを識別するのが一番大きな違いです。

たとえば、平面上の点をタプル型として`let p = (10, 20);`などと記述できます。この場合、1つ目のフィールドの値が10となり、2つ目のフィールドが20となります。

構造体の場合は、各フィールドの値はフィールド名によって識別されます。ソースコード4.12の7行目を次のように変更したらどうなるか考えてください。

```
let p = Point{y: 20, x: 10};
```

引数の順番にかかわらず、フィールド名を指定して値を設定しているので、p.xが

10、p.y が 20 となるのです。ソースコードを修正して試してみてください。

また、構造体を定義する場合、構造体に対する操作（メソッド）をプログラマー自身で定義することができます。メソッドに関しては、次項（第 4.4.2 項）で解説します。

構造体オブジェクトが格納されている場所

構造体のデータはヒープ領域に格納されます。構造体を宣言すると、オブジェクトの生成に必要なメモリ容量がヒープ領域に確保され、構造体の変数はオブジェクトが格納されているアドレスを参照します。視覚化すると**図 4.13** のようになります。

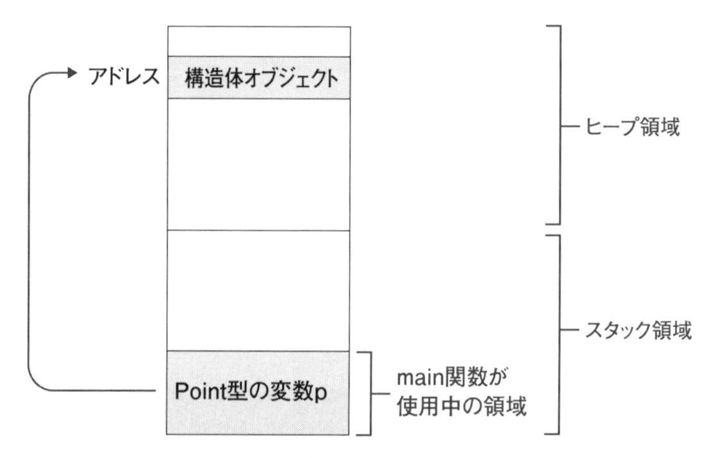

図 4.13　構造体オブジェクトが格納されている場所

4.4.2 構造体のメソッド実装

第 3.8.3 項では、プリミティブ型に用意された**メソッド**の例を説明しました。構造体にもデータを操作するためのメソッドを定義できます。構造体自体がプログラマー自身が定義するものなので、構造体のメソッドもプログラマー自身が定義します。

メソッドには、通常のメソッドと静的メソッドの 2 つがあります。まずは通常のメソッドの実装方法を説明します。

ここでは立方体を例にします。立方体は、幅（width）、高さ（height）、奥行き（depth）という 3 つの数値で定義されます。簡略化のため、それぞれの長さは整数とし、次のように立方体を定義します。

```
struct Cube {
    width: i32,
    height: i32,
    depth: i32,
}
```

立方体に対する操作として、容積を計算するメソッドや表面積を計算するメソッドなどが考えられます。立方体の容積は、幅×高さ×奥行きで計算できます。メソッドを実装（implementation）する場合は、次の書式でメソッドを定義します。

構文 構造体メソッドの実装

```
impl 構造体名 {
    メソッドの定義
}
```

メソッドの定義自体は関数と同じです。メソッドの引数には、自分自身を参照するために &self という変数を指定します。

容積を計算するメソッド名を get_volume とし、戻り値を i32 型の整数とした場合のメソッドの定義は、次のようになります。

```
impl Cube {
    fn get_volume(&self) -> i32 {
        self.width * self.height * self.depth
    }
}
```

関数と同様に、fn キーワードを用いてメソッドを定義します。記述方法は第 3.5 節で学んだ関数とほとんど同じで、違いは引数に &self があることくらいです。構造体のメソッドは、プログラマー自身が定義した型のオブジェクトに対する操作です。Cube 構造体のオブジェクトを生成すると、そのオブジェクトは各フィールドに具体的な値をもちます。&self は、メソッド内でオブジェクトがもつデータを参照するためのものです。

たとえば、`let cube = Cube{width: 10, height: 20, depth: 30};` と記述して、cube オブジェクトを生成したとします。前項では、幅を参照するために `cube.width`（**変数名 . フィールド名**）と記述すると説明しました。しかし、メソッド内では cube という変数名自体が参照できません。そこで、自分自身を参照するという意味で self.width と記述することにより、オブジェクト自身がもつ width の値にアクセスできます。

ソースコード 4.13 に構造体のメソッドの例を示します。Cube 構造体のフィールドを定義し、容積を計算するメソッドと表面積を計算するメソッドを実装しています。main 関数では、Cube 構造体のオブジェクトを生成し、各フィールドの値を表示します。さらに、実装したメソッドにより、生成した Cube オブジェクトの容積と表面積を表示します。

ソースコード 4.13 メソッドの実装

ファイル名「**~/ohm/ch4-4/impl.rs**」

```
1  // 立方体を定義する構造体
2  struct Cube {
3      width: i32,
4      height: i32,
5      depth: i32,
6  }
7
8  // 立方体の実装
9  impl Cube {
10     // 容積を計算するメソッド
11     fn get_volume(&self) -> i32 {
12         self.width * self.height * self.depth
13     }
14
15     // 表面積を計算するメソッド
16     fn get_area(&self) -> i32 {
17        self.width * self.height * 2 + self.height * self.depth *
   2 + self.depth * self.width * 2
18     }
19 }
20
21 fn main() {
22     let cube = Cube{width: 10, height: 20, depth: 30};
23
24     println!("辺の長さ = ({}, {}, {})", cube.width, cube.height,
   cube.depth);
25     println!("cubeの容積 = {}", cube.get_volume());
26     println!("cubeの表面積 = {}", cube.get_area());
27 }
```

ソースコードの概要

2行目～6行目 Cube構造体を宣言し、3つのフィールドを定義
11行目～13行目 Cubeオブジェクトの容量を計算するget_volumeメソッドを実装
16行目～18行目 Cubeオブジェクトの表面積を計算するget_areaメソッドを実装
22行目 Cubeオブジェクトを生成し、各フィールドを整数で初期化
24行目 生成したオブジェクトの各フィールドの値を表示
25行目 生成したオブジェクトの容積を表示
26行目 生成したオブジェクトの表面積を表示

2行目～6行目で、名前がwidth、height、depthという3つのフィールドで構成されるCube構造体を定義します。

メソッドの実装は9行目～19行目で行います。implキーワードを用いてCube構造体に対してメソッドを定義します。

11行目～13行目で、容積を計算するget_volumeメソッドを定義します。書式はすでに説明したとおりです。同様に16行目～18行目で、表面積を計算するget_areaメソッドを定義します。立方体には6つの面があるので、それぞれの面積の総和を計算した値が表面積になります。

ソースコード4.13をコンパイルして実行した結果を**ログ4.13**に示します。幅と高さと奥行きがそれぞれ10、20、30なので、容積が6000、表面積が2200となります。

ログ4.13 impl.rsプログラムの実行

```
1 $ rustc impl.rs
2 $ ./impl
3 辺の長さ = (10, 20, 30)
4 cubeの容積 = 6000
5 cubeの表面積 = 2200
```

4.4.3 構造体の静的メソッド

構造体の静的メソッドは、型に対する固有の操作です。

前項で説明した容積や表面積を求めるメソッドは、立方体の幅と高さと奥行きによって計算結果が変化します。これに対し、面の数を計算するメソッドはどうでしょうか？　幅と高さと奥行きの値にかかわらず、立方体の面の数は6です。この場合、

立方体の面の数を計算するメソッドは静的メソッドとして定義するべきです。

また、構造体のオブジェクトを初期化するためのメソッドは、静的メソッドとして定義します。このようなメソッドを**コンストラクタ**と呼びます。一般的にコンストラクタ名はnewという名前を付けます。

静的メソッドの定義は通常のメソッドの定義と同じ書式です。違いは、メソッドの引数に&selfがないことだけです。ただし、静的メソッドを使用する場合は、**構造体名::静的メソッド名**という書式になります。この辺はプリミティブ型の静的メソッドの使い方と同じです。

静的メソッドの定義の例を**ソースコード4.14**に示します。

ソースコード4.14 静的メソッドの実装

ファイル名「**~/ohm/ch4-4/staticmethod.rs**」

```
1  // 立方体を定義する構造体
2  struct Cube {
3      width: i32,
4      height: i32,
5      depth: i32,
6  }
7  
8  // 立方体の実装
9  impl Cube {
10     // コンストラクタ
11     fn new(width: i32, height: i32, depth: i32) -> Cube {
12         Cube{width: width, height: height, depth: depth}
13     }
14 
15     // 立方体の面の数
16     fn get_num_surfaces() -> i32 {
17         6
18     }
19 }
20 
21 fn main() {
22     let cube = Cube::new(10, 20, 50);
23 
24     println!("辺の長さ = ({}, {}, {})", cube.width, cube.height, 
   cube.depth);
25     println!("面の数 = {}", Cube::get_num_surfaces());
26 }
```

ソースコードの概要

2行目 ～ 6行目　Cube 構造体の定義
11行目 ～ 13行目　構造体 Cube のコンストラクタ new を実装
16行目 ～ 18行目　立方体の面の数を計算する get_num_surfaces メソッドを実装
22行目　Cube オブジェクトをコンストラクタを用いて生成し、各フィールドを整数で初期化
24行目　生成したオブジェクトの各フィールドの値を表示
25行目　生成したオブジェクトの面の数を表示

2行目 で Cube 構造体を定義します。9行目 ～ 19行目 がメソッドの実装コードにあたります。

コンストラクタの定義を 11行目 ～ 13行目 で行っています。メソッド名は new で、3 つの引数を受け付けます。戻り値は Cube オブジェクトです。new メソッド内では、引数の値を使用して Cube オブジェクトを生成します。第 1 引数は横幅を示す width、第 2 引数は高さを示す height、第 3 引数は奥行きを示す depth です。

構造体名から直接オブジェクトを生成するためには、構造体の各フィールド名を指定して初期値を設定する必要があります。この場合、構造体を使用するプログラマーはフィールド名を調べなければなりません。コンストラクタを静的メソッドとして定義すると、このような手間が省けます。

16行目 ～ 18行目 で、立方体の面の数を計算する get_num_surfaces メソッドを定義しています。引数は受け付けず、戻り値の型は i32 型です。構造体の各フィールドの値にかかわらず立方体の面の数は 6 つなので、get_num_surfaces メソッドは整数の 6 を返します。

21行目 ～ 26行目 が main 関数内での処理です。22行目 で、コンストラクタを用いて Cube オブジェクトを生成します。メソッド経由でオブジェクトを生成しているので、引数の順番が重要です。ここでは幅が 10、高さが 20、奥行きが 50 の Cube オブジェクトを生成し、変数 cube に格納します。

24行目 で、生成した cube の各辺の長さを表示します。25行目 では、get_num_surfaces メソッドを用いて面の数を取得します。静的メソッドなので、`Cube::get_num_surfaces()` という書式であることに注意してください。

ソースコード 4.14 をコンパイルして実行した結果を**ログ 4.14** に示します。生成した立方体の各辺の長さと面の数が正しく表示されていることが確認できます。

ログ 4.14 staticmethod.rs プログラムの実行

```
1 $ rustc staticmethod.rs
2 $ ./staticmethod
3 辺の長さ = (10, 20, 50)
4 面の数 = 6
```

4.5 ベクタ型

ベクタ型は可変長の配列です。通常の配列はコンパイル時に大きさ（要素数）が決まっており、プログラム実行中にその大きさを変更することはできません。これに対し、ベクタ型は動的に大きさを変更することができます。

データ構造やアルゴリズムの授業では、配列をはじめリストやキューなど、さまざまなデータ構造を学びます。プログラミング言語では、このようなデータ構造を実装した機能が提供されており、一般的にコレクションと呼びます。ベクタ型も**コレクション**の一種です。

ベクタ型の実際のデータはヒープ領域に格納されます。

4.5.1 ベクタ型の基本

ベクタ型は構造体として定義されており、型名は Vec です。この種の型名は大文字のアルファベットから始まります。Rust 標準で提供されている型なので、さまざまなメソッドが用意されています。各メソッドは必要に応じて説明します。また、Rust 公式ドキュメントを見て、どのようなメソッドが利用可能か調べることも重要です。

ベクタ型の初期化は、静的メソッドである Vec::new() を使用します。動的に値を入れたり出したりするため、変数を宣言するときは mut キーワードを付けます。たとえば let mut vec = Vec::new(); と記述して、ベクタ型の変数 vec を宣言します。

変数の型はベクタ型です。ここでベクタ自体が保持する型を指定することもできます。この場合は**変数名** :Vec< **型名** > と記述します。たとえば、i32 型のデータをもつベクタ型変数を宣言する場合は、let mut vec: Vec<i32> = Vec::new(); となります。一般的にコレクション類の型を指定するときは、大なりと小なり記号で囲みます。

変数の宣言をしただけでは、ベクタに何も入っていない状態です。ベクタ型の変数に 1 つのデータを入れるときは、push メソッドを使用します。整数の 1 をベクタに入れたいときには、vec.push(1); と記述します。ベクタ型の大きさは動的に変化するので、入力できるデータ数に制限はありません。

ソースコード 4.15 にベクタ型の例を示します。ベクタ型の変数を生成して、その要素を表示するプログラムです。

ソースコード 4.15 ベクタ型の基本

ファイル名「**~/ohm/ch4-5/vec1.rs**」

```
1  fn main() {
2      let mut vec: Vec<i32> = Vec::new();
3      vec.push(1);
4      vec.push(3);
5      vec.push(5);
6  
7      // ベクタの情報を表示
8      println!("vecの大きさ = {}", vec.len());
9      println!("vecの各要素 = {:?}", vec);
10     println!("vec[1] = {:?}", vec.get(1));
11     println!("vec[1] = {}", vec.get(1).unwrap());
12 
13     // 2つ目の要素を削除
14     vec.remove(1);
15     println!("remove後のvecの各要素 = {:?}", vec);
16 }
```

ソースコードの概要

- 2行目 i32 型のベクタ変数 vec を定義
- 3行目 ～ 5行目 vec に整数の 1 と 3 と 5 を入力
- 8行目 len メソッドで vec の大きさを取得し、内容を表示
- 9行目 vec の各要素を表示
- 10行目 get メソッドで、2 つ目の要素を取得し、内容を表示
- 11行目 get メソッドで、2 つ目の要素を取得して i32 型に変換、内容を表示
- 14行目 vec の 2 つ目の要素を削除
- 15行目 vec の各要素を表示

2行目で i32 型を要素にもつベクタ変数 vec を宣言し、空のベクタで初期化します。この時点では、vec には何のデータも入っていないので、3行目～5行目で整数をデータとして入力します。ベクタは配列なので、1、3、5 の順番にデータが格納されます。

8行目～11行目で vec に関する情報を表示します。8行目では、len メソッド

を用いてベクタ型変数の大きさを取得し、それをprintln!マクロで表示しています。vecには3つの整数が含まれているので、大きさは3です。

9行目で各要素を表示しています。forループを用いて1つずつ要素を取り出すこともできます。ここでは、簡略化のためにprintln!マクロでフォーマットを指定して、ベクタ型変数の内容をそのまま表示しています。

10行目ではgetメソッドを用いています。引数で指定したインデックスの要素にアクセスするメソッドです。`vec.get(1)`と記述するとインデックスが1の要素(vec[1])、すなわちベクタの2番目の要素にアクセスできます。ただし、ベクタから要素を削除するわけではありません。getの戻り値は、i32型の値ではなくOption型となります。Option型がとり得る値はNoneもしくは何らかのデータです。vecの大きさが3なので、インデックスとしては0か1か2の3種類しか指定できません。ここで`get(5)`などと記述すると、Rustでは**None**という値になります。

C++やJavaなどで大きさを超えるインデックスにアクセスしようとするとエラーが起きますが、Rustではエラーを検知しません。その代わり、Option型の値として、値がない（None）か何らかの値（Some）のいずれかの値を返します。そのため、`vec.get(1)`の戻り値は`Some(3)`となります。

11行目では、再度getメソッドを用いてvec[1]の要素にアクセスして、i32型のデータとして取り出します。ただし、getメソッドの戻り値がOption型なので、整数として扱うことができません。戻り値である`Some(3)`は整数の3という値を含んでいます。すなわち、3という整数がSomeという型でラップ（wrap）されています。この値を取り出すためには、値をアンラップ（unwrap）する必要があります。そこでOption型で提供されているunwrap関数を使用します。また、戻り値がNoneの場合にunwrap関数を使用するとエラーが起こりますので気をつけてください。

14行目では、removeメソッドを用いてベクタの要素を削除しています。`vec.remove(1)`と記述するとvec[1]の要素、すなわち2つ目の要素が削除されます。配列なので、データを削除すると後ろにあるデータが前に移動します。データを削除した結果、vecの大きさは2となり、vec[0]が1、vec[1]が5となるはずです。15行目で、要素の削除後のvecを表示します。

ソースコード4.15をコンパイルして実行した結果を**ログ4.15**に示します。説明どおりの結果になっていることが確認できます。

ログ4.15 vec1.rsプログラムの実行

```
1 $ rustc vec1.rs
2 $ ./vec1
3 vecの大きさ = 3
```

```
vecの各要素 = [1, 3, 5]
vec[1] = Some(3)
vec[1] = 3
remove後のvecの各要素 = [1, 5]
```

ソースコード 4.15 の値を変更するなどして、複数のパターンを試すと理解度が深まります。たとえば、10行目の vec.get(1) を vec.get(5) などに変更すると、vec[1] = None と表示されるはずです。理由は、ベクタの大きさを超えるインデックスにアクセスしたため、Option 型の戻り値が None になったからです。

一方、14行目の vec.remove(1) を vec.remove(5) に変更するとどうなるでしょうか？　この場合はコンパイルは通りますが、実行エラーが出ます。存在しない要素を削除することはできないからです。

4.5.2 ベクタ型用のマクロ

ベクタ変数の値を初期化するときに、**push メソッド**でデータをひとつひとつ入力するのは手間がかかります。配列のように宣言時に初期化したいところです。そこで便利なのが、vec! マクロです。vec! マクロを用いると、ベクタオブジェクトを配列と同様の記述方法で初期化できます。

たとえば、整数の要素を保持するベクタ変数を宣言し、vec! マクロを用いて初期化する場合には、let mut 変数名 = vec![値 , 値 , ..., 値]; と記述します。具体例としては、let mut vec = vec![1, 3, 5]; と記述すると、ソースコード 4.15 と同じ内容のベクタオブジェクトが生成できます。

ソースコード 4.16 に vec! マクロの例を示します。ベクタ変数を vec! マクロを用いて整数値で初期化して、それぞれの要素を 2 倍してから値を表示するプログラムです。

ソースコード 4.16　ベクタ型用のマクロ

ファイル名「~/ohm/ch4-5/vecmacro.rs」

```
fn main() {
    // マクロによるベクタの初期化
    let mut vec: Vec<i32> = vec![1, 3, 5, 7, 9];

    // 各要素の値を2倍にする
    for i in 0..5 {
        vec[i] = vec[i] * 2;
```

```
8         }
9
10        // 各要素を表示
11        println!("vec = {:?}", vec);
12    }
```

ソースコードの概要

3行目 ベクタ変数 vec を宣言し、vec! マクロを用いて初期化
6行目 ～ 8行目 ベクタの各要素の値を 2 倍にする
11 行目 ベクタの各要素を表示

3行目でベクタ変数 vec を宣言し、vec! マクロを用いて、整数の 1、3、5、7、9 で初期化します。変数の宣言時にベクタ要素の型を指定していますが、Vec<i32> を省略しても各要素の初期値が整数なので、自動的に型を推測してくれます。

6行目～**8行目**でベクタの各要素の値を 2 倍しています。ここで説明したいことは、ベクタ型の要素は配列と同様に角括弧を使って、**変数名 [インデックス]** という書式でアクセスできることです。

最後に**11 行目**で vec の内容を表示します。

ソースコード 4.16 をコンパイルして実行した結果を**ログ 4.16** に示します。vec の各要素は初期値の 2 倍なので、それぞれ 2、6、10、14、18 になります。

ログ 4.16 vecmacro.rs プログラムの実行

```
1 $ rustc vecmacro.rs
2 $ ./vecmacro
3 vec = [2, 6, 10, 14, 18]
```

4.6 String 型

可変文字列を扱うために **String 型**のデータ構造について説明します。String 型のデータは、ヒープ領域に保存されます。

プログラミング内では、文字は文字コードで定義され、文字列は**スカラ値のシーケンス**であることを本章の第 4.2.6 項で説明しました。String 型も同様です。ただし、可変である必要があります。

Rust では、String 型は次のように定義されます。

```
pub struct String {
    vec: Vec<u8>,
}
```

文字列はスカラ値のシーケンスであるため、文字コードを要素とするベクタ型なのです。str 型と同様に文字コード自体は符号なし 8 ビット整数であるため、型は u8 となっています。pub というキーワードが付いていますが、とりあえず「定義した String 構造体は誰でも利用できる」という意味であると理解してください。

String 型変数の初期化や文字列の操作は、String 構造体が提供するメソッドを介して行います。Rust において、文字列の扱い方をマスターすることは、String 構造体が提供するメソッドをマスターすることとなります。また、str 型とも関連することが多いので、必要に応じて説明していきます。

4.6.1 String 型の基本

String 型変数の宣言は、ほかの変数の宣言と同様に `let 変数名: String` という書式です。型を指定しなくてもコンパイラが自動的に推測してくれます。

String 型変数の初期化の方法はいくつかあります。最も一般的なのは、String 構造体の静的メソッドである from を用いる方法です。文字列を引数に入れて、`String::from("Hello world.");` と記述すると、Hello world. という文字列をデータにもつ String オブジェクトを初期化できます。ここで入力値である "Hello world." は str 型のデータです。

str 型のメソッドから String オブジェクトを生成する方法もあります。たとえば、`let 変数名: String = "Hello world.".to_string();` と記述すると、String 型オブジェクトを生成し、String 型変数を初期化できます。ここで "Hello world." が str 型変数の値です。to_string() というメソッドによって、str 型変数の値を String オブジェクトに変換することができます。

ソースコード 4.17 に String 型変数の例を示します。異なる方法で String オブジェクトを生成し、その文字列を表示するプログラムです。

ソースコード 4.17 String 型の基本

ファイル名「**~/ohm/ch4-6/string1.rs**」

```
1 fn main() {
2     let msg: String = String::from("Hello world.");
3     let name = "My name is Alice.".to_string();
4
```

```
5     // Stringオブジェクトの内容を表示
6     println!("msg = {}", msg);
7     println!("name = {}", name);
8 }
```

ソースコードの概要

2行目 String型変数msgを宣言し、Hello world.という文字列で初期化
3行目 String型変数nameを宣言し、My name is Alice.という文字列で初期化
6行目と7行目 各変数の値を表示

2行目でString型変数msgを宣言し、静的メソッドを用いてHello world.という文字列で初期化します。**3行目**では、String型変数nameを宣言し、My name is Alice.というstr型変数の値からStringオブジェクトを生成します。なお、変数nameの型を指定していませんが、コンパイラが自動的に推測してくれます。

6行目と**7行目**で文字列の内容を表示します。初期化したときの文字列の内容がそのまま表示されるはずです。

ソースコード4.17をコンパイルして実行した結果を**ログ4.17**に示します。String変数の文字列が正しく表示されていることが確認できます。

ログ4.17 string1.rsプログラムの実行

```
1 $ rustc string1.rs
2 $ ./string1
3 msg = Hello world.
4 name = My name is Alice.
```

4.6.2 文字列の結合

文字列の結合もString構造体のメソッドを使用します。まず、空の文字列をデータにもつStringオブジェクトを生成し、1単語ずつ文字列を結合するプログラムを作ってみます。

空の文字列で、Stringオブジェクトを初期化する場合、静的メソッドを用いて`String::new()`と記述します。このとき`let mut msg = String::new();`などとして、可変変数にしましょう。可変にしなければ、文字列の追加や結合ができません。

文字列の追加はpush_strメソッド、文字の追加はpushメソッドで実行できます。双方とも引数を1つとります。たとえば、String型変数msgにある文字列を結合さ

せたい場合はmsg.push_str(" 文字列 "); と記述します。文字を追加する場合は、1 文字を引数に指定して msg.push(' 文字 '); と記述します。

ソースコード 4.18 に文字列の結合の例を示します。空の String オブジェクトを生成し、「Hello」「（空白文字）」「world.」という文字列と文字を順番に結合するプログラムです。

ソースコード 4.18 文字列の結合

ファイル名「~/ohm/ch4-6/string2.rs」

```
1  fn main() {
2      let mut msg = String::new();
3      msg.push_str("Hello");
4      msg.push(' ');
5      msg.push_str("world.");
6  
7      // 変数の値を表示
8      println!("msg = {}", msg);
9  }
```

ソースコードの概要

- 2行目 String 型可変変数 msg を宣言し、空の文字列で初期化
- 3行目 msg と Hello という文字列を結合
- 4行目 msg に空白文字を付け加える
- 5行目 msg と world. という文字列を結合
- 8行目 msg の内容を表示

2行目で String 型の可変変数 msg を宣言し、静的メソッドである new を用いて空の文字列で初期化します。3行目では、空の文字列に Hello という文字列を結合します。この時点で msg オブジェクトは Hello という文字列をデータにもちます。4行目で msg に空白文字を結合し、さらに5行目で world. という文字列を結合します。

最終的に msg の文字列は「Hello world.」となるはずです。8行目で msg 変数の値を表示します。

ソースコード 4.18 をコンパイルして実行した結果を**ログ 4.18** に示します。上記の説明のとおり、Hello world. という文字列が表示されることが確認できます。

ログ 4.18 string2.rs プログラムの実行

```
$ rustc string2.rs
$ ./string2
msg = Hello world.
```

4.7 スライス

スライスは、連続したデータ内の一連の要素を参照するための型です。スライスが参照するデータとしては、配列やベクタ型、String 型が例として挙げられます。

4.7.1 配列とスライス

スライスが保持する情報は、データへのポインタと大きさの 2 つです。**図 4.14** に示すように、10 個の整数から構成される配列 array を考えてください。配列の要素のうち、1 番目～ 5 番目の要素だけを参照したいとします。この場合、array[0] のポインタと 5 という情報があれば、array[0] ～ array[4] の値を参照することができます。

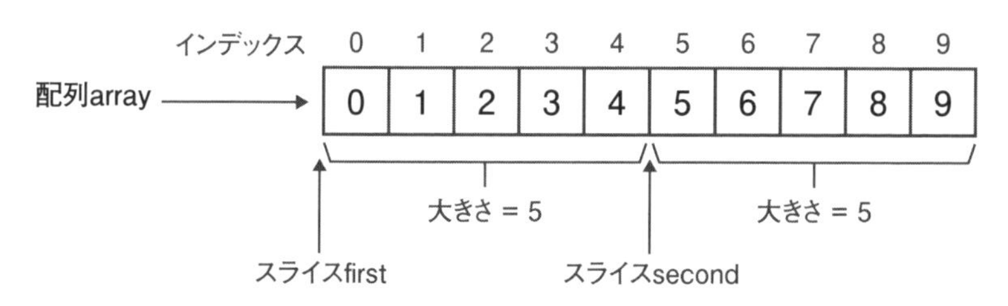

図 4.14 スライスの概念図

スライス変数の宣言は次の書式となります。

構文 スライス変数の宣言

```
let 変数名: &[型名] = &配列名[インデックス1..インデックス2];
```

たとえば、array[0] ～ array[4] までを参照するスライス変数の初期化は、`&array[0..5]` と記述します。各要素が格納されているアドレスは、&（アンパーサンド）を付けて &array[0] と書くことはすでに説明しました。複数のデータを参照するため、ピリオドを2つ入れて、0..5と書きます。この場合、範囲は0から4となります。範囲の指定はループ構造と同じ要領です。そのため、スライスの初期化は`&array[0..5]`という書式になるのです。また、データの範囲を指定しているので、スライスは大きさの情報を取得します。

ソースコード4.19にスライスの例を示します。10個の整数からなる配列を宣言し、その前半部分と後半部分を参照するスライスを作り、スライスが参照する値を表示します。

ソースコード4.19 配列とスライス

ファイル名「**~/ohm/ch4-7/slice1.rs**」

```
1  fn main() {
2      let array = [0, 1, 2, 3, 4, 5, 6, 7, 8, 9];
3      let first: &[i32] = &array[0..5];
4      let second = &array[5..10];
5
6      // スライスが参照するデータを表示
7      println!("first = {:?}", first);
8      println!("second = {:?}", second);
9  }
```

ソースコードの概要

- **2行目** 配列arrayを宣言し、10個のi32型の整数で初期化
- **3行目** スライス変数firstを宣言し、arrayの前半部分を参照するように初期化
- **4行目** スライス変数secondを宣言し、arrayの後半部分を参照するように初期化
- **7行目と8行目** スライス変数firstとsecondが参照する値を表示

2行目で配列変数arrayを宣言し、i32型の整数で配列を初期化します。配列の大きさは10です。**3行目**でスライス変数firstを宣言し、arrayの前半部分であるarray[0]～array[4]を参照するように初期化します。同様に**4行目**に示すスライス変数secondは、arrayの後半部分であるarray[5]～array[9]を参照します。

7行目と**8行目**で、各スライスが参照するデータを表示します。firstは[0, 1, 2, 3, 4]となり、secondは[5, 6, 7, 8, 9]となっているはずです。

ソースコード4.19をコンパイルして実行した結果を**ログ4.19**に示します。上記の説明のとおり、スライス変数firstはarrayの前半部分、secondは後半部分のデータ

を参照していることが確認できます。

ログ 4.19 slice1.rs プログラムの実行

```
1 $ rustc slice1.rs
2 $ ./slice1
3 first = [0, 1, 2, 3, 4]
4 second = [5, 6, 7, 8, 9]
```

4.7.2 String 型とスライス

本項では String 型にスライスを適用する例を説明します。スライスを用いると、配列と同じ要領で String 型の各要素にアクセスできるようになります。ただし、マルチバイト文字が含まれる場合は配列と同じ要領ではアクセスできません。

「My name is Alice.」という文字列を例にします。最初の 7 文字（My name）を参照する場合、**& 変数名** `[0..7]` と記述してスライスを初期化します。場合によっては、開始インデックスと終了インデックスを省略することもできます。たとえば **& 変数名** `[..7]` と記述すると、1 文字目～ 7 文字目の部分文字列を参照します。**& 変数名** `[5..]` であれば、5 文字目～最後の文字までの部分文字列を参照します。

ソースコード 4.20 に String 型に対するスライスの例を示します。文字列を宣言して、その部分文字列を参照するスライスを用いるプログラムです。

ソースコード 4.20 String 型に対するスライス

ファイル名「**~/ohm/ch4-7/slice2.rs**」

```
1 fn main() {
2     let msg = String::from("My name is Alice.");
3     let slice1 = &msg[..7];
4     let slice2 = &msg[11..msg.len()];
5 
6     // スライスが参照するデータを表示
7     println!("slice1 = {:?}", slice1);
8     println!("slice2 = {:?}", slice2);
9 }
```

ソースコードの概要

2行目 String型変数msgを宣言し、My name is Alice.という文字列で初期化
3行目 スライス変数slice1を宣言し、msgの1文字目～7文字目の部分文字列で初期化
4行目 スライス変数slice2を宣言し、msgの11文字目～最後の文字までの部分文字列で初期化
7行目と8行目 スライス変数が参照するデータを表示

2行目で、String型変数msgを宣言し、My name is Alice.という文字列で初期化します。**3行目**でスライス変数slice1を宣言し、msgの「My name」の部分（1文字目～7文字目）を参照するように初期化します。同様に、**4行目**ではスライス変数slice2を宣言し、msgの「Alice.」の部分（11文字目から最後まで）を参照させます。

7行目と**8行目**で各スライスが参照する部分文字列を表示させます。

ソースコード4.20をコンパイルして実行した結果を**ログ4.20**に示します。各スライスが「My name」と「Alice.」という部分文字列を参照していることが確認できます。

ログ4.20 slice2.rsプログラムの実行

```
1 $ rustc slice2.rs
2 $ ./slice2
3 slice1 = "My name"
4 slice2 = "Alice."
```

マルチバイト文字を含むString型

String型の変数には、マルチバイト文字が含まれる可能性があります。そのため、ベクタのインデックスと文字列内の文字は一致しない可能性があります。

たとえば、「オーム社」という文字列では、すべての文字が3バイトのマルチバイト文字です。文字の区切りは、インデックスでいうと0、3、6、9になります。そのため、文字の区切りでないインデックスをスライスに指定するとエラーが出ます。

ソースコード4.21に例を示します。「オーム社」という文字列から、部分文字列である「オーム」を参照するスライスを作成し、値を表示させるプログラムです。

ソースコード 4.21 マルチバイト文字を含む String オブジェクトのスライス

ファイル名「**~/ohm/ch4-7/slice3.rs**」

```
1  fn main() {
2      let ohm = String::from("オーム社");
3      let slice = &ohm[..9];
4  
5      // スライスが参照するデータを表示
6      println!("slice = {:?}", slice);
7  }
```

ソースコードの概要

2 行目 String 型変数 ohm を宣言し、オーム社という文字列で初期化

3 行目 スライス変数 slice を宣言し、オーム社の最初の 3 文字（オーム）を参照するように初期化

6 行目 slice が参照するデータを表示

2 行目で String 型変数 ohm を宣言し、「オーム社」という文字列で初期化します。**3 行目**でスライスを作成し、部分文字列である「オーム」を参照します。各文字は 3 バイトのコードなので、インデックスの 0 から 8 になります。そのため `&ohm[..9];` と記述しています。

6 行目でスライスが参照する値を表示させます。「オーム」という部分文字列が表示されるはずです。

ソースコード 4.21 をコンパイルして実行した結果を**ログ 4.21** に示します。スライスの位置をインデックス 0 ～ 9 にすると「オーム」という部分文字列が取り出せることが確認できます。

ログ 4.21 slice3.rs プログラムの実行

```
1  $ rustc slice3.rs
2  $ ./slice3
3  slice = "オーム"
```

Chapter

5

所有権システム

本章では、Rust の特徴である所有権システムについて解説します。所有権システムの概念が理解できれば、プログラミング言語分野の研究者たちはどのような問題に直面し、いかなる解決法を見いだしたかを理解するとともに、Rust の面白さに気づくことでしょう。
所有権システムは Rust の特徴であり、他のプログラミング言語を知っていれば理解がより深まります。そのため、C 言語や C++、Java、Python と比較しながら解説する箇所が多々あります。もちろん、プログラミング初学者でも理解できるような内容になっています。

5.1 メモリ管理における問題

従来のシステムプログラミングでは、すべてプログラマーの責任でメモリを管理する必要がありました。ここでポインタ型の変数やオブジェクトの扱い方に問題があると、バグやセキュリティホールが生じます。

本章ではまず、メモリ管理に関する代表的な3つの問題を解説します。Rustの特徴である所有権システムは、コンパイル時にこれらの問題を検出します。メモリ管理の問題を理解することによって、Rustの特徴をよりよく理解できるでしょう。

5.1.1 ダングリングポインタ

ダングリングポインタ（**dangling pointer**）とは、すでに解放されたメモリ領域へのポインタのことです。不正な場所を参照しているため、ダングリングポインタを使用するとバグが起こります。

なお、ダングリング（dangling）とは「ぶら下がっている」という意味です。ダングリングポインタは、「どこを参照しているかわからない」ポインタということになります。

図5.1にダングリングポインタの概念を示します。ポインタptrが、オブジェクトが格納されているメモリ領域を参照しているとします。ここで当該メモリ領域を解放してしまうと、ポインタの参照先に何もない状態になります。この時点でptrはダングリングポインタとなります。

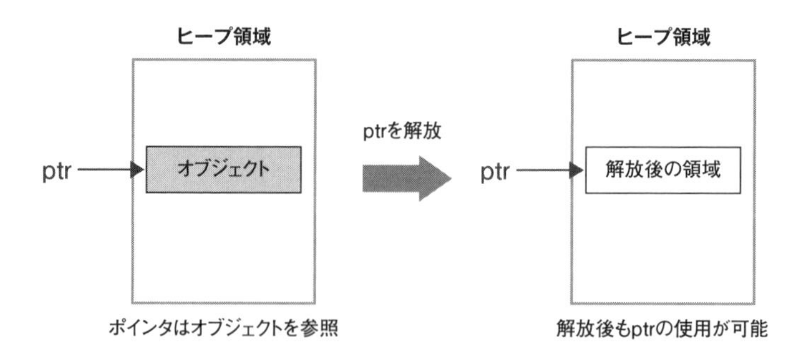

図5.1　ダングリングポインタの概念

そのあとにもしポインタ ptr を使用すると、不正な場所を参照するため、バグが起こります。プログラマーの責任で、ダングリングポインタを使用しないようにしなければいけません（Rust ではダングリングポインタを作れません）。

COLUMN 「C 言語でのダングリングポインタの例」

Rust ではダングリングポインタを作れないので、C 言語の例で説明します。**ソースコード 5.1** にダングリングポインタの例を示します。

ソースコード 5.1 ダングリングポインタの例

ファイル名「**~/ohm/ch5-1/danglingptr.c**」

```
1  #include <stdlib.h>
2
3  int main() {
4      int *ptr = malloc(sizeof(int)); // メモリ領域を確保
5      free(ptr); // メモリ領域を解放
6      *ptr = 5;  // ダングリングポインタにアクセス
7  }
```

4行目 で 4 バイトのメモリ領域を確保し、ポインタ ptr を宣言します。5行目 でポインタが参照するメモリ領域を解放（free）します。この時点で、ptr はダングリングポインタになります。6行目 でポインタの参照外しを行います。

このC言語ソースコードをコンパイルしたらどうなるでしょうか？ 筆者の環境である macOS 上で、gcc というコンパイラを用いてコンパイルしたところ、エラーが出ることなくコンパイルできました。異なる環境や異なるコンパイラを用いると、コンパイルできないかもしれません。

また、筆者の環境では、コンパイルしたソースコードを実行することもできました。簡単なプログラムなので、エラーが出ることなく実行できました。もちろん、環境が変わると実行エラーが出る可能性があります。

ソースコード 5.1 は、極めて単純なプログラムなのですが、int 型の代わりに構造体を使用していた場合や、複雑なプログラムの中でダングリングポインタを使用した場合は、間違いなくエラーが起こるでしょう。

環境が変わるとどのような動作をするか予測がつきません。すなわち、ダングリングポインタへのアクセスは未定義の振る舞いなのです。Rust で同様のプログラムを記述しようとすると、コンパイル時にエラーが出ます。

5.1.2 メモリの多重解放

メモリの多重解放（multiple free）とは、確保したメモリ領域を2回以上解放することです。

一度解放したメモリ領域には他のデータが格納されている可能性があります。そのため、同じ場所を多重解放するとデータを破壊する可能性があります。

メモリの2重解放の例を**図5.2**に示します。あるメモリ領域を参照している2つのポインタ変数ptr1とptr2があったとします。ptr1が参照する領域を解放し、そのあとにptr2が参照する領域を解放すると、結果として同じ領域を2回解放することになります。ptr1による解放後にptr2が参照してしまうと思わぬ結果になるなどの危険があります。Rustではメモリの多重解放はできません。

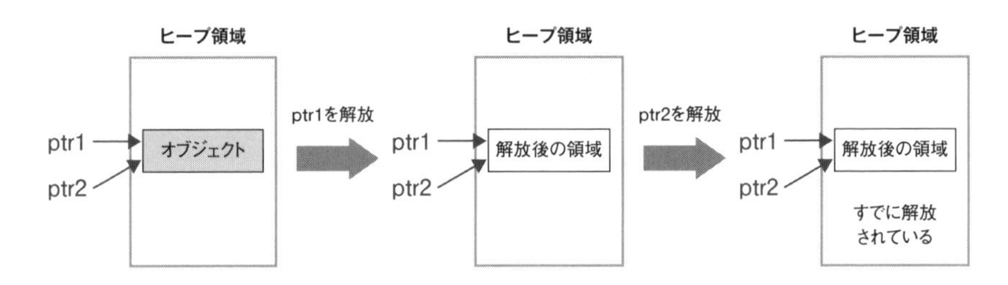

図5.2 多重解放の概念

COLUMN 「C言語での多重解放の例」

ソースコード5.2にC言語を用いた多重解放の例を示します。

ソースコード5.2 メモリの多重解放の例

ファイル名「**~/ohm/ch5-1/multifree.c**」

```
1  #include <stdlib.h>
2
3  int main() {
4      int *ptr1 = malloc(sizeof(int)); // メモリ領域を
   確保
5      int *ptr2 = ptr1; // ポインタをコピー
6      free(ptr1); // メモリ領域を解放
7      free(ptr2); // メモリ領域を2重解放
8  }
```

4行目で4バイトのメモリ領域を確保します。5行目でポインタ ptr1 をポインタ ptr2 にコピーします。この時点で2つのポインタ変数が同じメモリ領域を参照しています。6行目で、ptr1 が参照するメモリ領域を解放し、7行目で ptr2 が参照するメモリ領域を解放します。

筆者の環境では、エラーが出ることなくソースコード 5.2 のコンパイルが成功しました。明らかに多重解放をしているのに、C 言語ではエラーを検知しないのです！　ただし、実行時にエラーが出てプログラムが停止しました。実際に実行するまでミスを犯していることがわからないというのは、極めて危険です。

もちろん Rust では、同様のソースコードはコンパイル時にエラーが出ます。

5.1.3 初期化されていないメモリへのアクセス

初期化されていないメモリへのアクセスとは、文字どおり、初期化されていないメモリ領域を参照するポインタを使用する行為を指します。プリミティブ型の int 型変数だと0で初期化されますが、ランダムな値で初期化されることもあります。また、構造体などでは明示的に初期化しないとどのような値になるか不明です。すなわち、未定義の振る舞いなのです。

筆者が大学で担当したC言語によるネットワークプログラミングの課題でも、初期化していない変数にアクセスするというミスをする学生が多数いました。コンパイル時にエラーが出ないため、彼らはプログラムを実行しながらバグの原因を探していました。コンパイル時にエラーを出してくれれば、いとも簡単にバグを見つけることができたでしょう。

なお、Rust では変数がアクセスされる前に初期化されているかどうかを確認するので、初期化されていないメモリはありません。

COLUMN 「C言語での初期化されていないメモリへのアクセス例」

ソースコード 5.3 に初期化されていないメモリ領域にアクセスする例を示します。こちらもC言語の例です。

ソースコード 5.3 初期化されていないメモリへのアクセス例

ファイル名「**~/ohm/ch5-1/uninitialized.c**」

```
1  #include <stdio.h>
2  #include <stdlib.h>
```

```
3
4  int main() {
5      int *ptr = malloc(sizeof(int)); // メモリ領域を確保
6      printf("*ptr = %d\n", *ptr); // 初期化していないメモリ領域にアクセス
7      free(ptr);
8  }
```

5行目で4バイトのメモリ領域を確保し、ポインタ変数を宣言します。メモリ領域の値は初期化していません。**6行目**で、ポインタの参照外しを行います。ここで初期化されていないポインタの参照先の値を表示します。

このソースコードには明らかなミスがありますが、筆者の環境ではコンパイルが成功しました。確保したメモリ領域が4バイトなので、値は0で初期化されていました。そのため、プログラムの実行では特にエラーが出ませんでした。

しかし、プログラムが複雑になってくると、初期化されていないメモリへのアクセスは致命的なバグになる可能性があります。Rustでは、これをコンパイル時に検知します。

5.2 所有権と所有構造

本節では、Rustの**所有権システム**を理解するための基本事項である**所有権**と**所有構造**について説明します。

5.2.1 所有とは

Rustの特徴として、あるオブジェクトの所有者（オブジェクトを参照する変数）は1人だけです。

たとえばString型オブジェクトを例にして、次の変数を宣言したとします。

```
let s1 = String::from("Alice");
```

この場合、Aliceという文字列はヒープ領域に格納され、変数s1が文字列を参照します。ここでAliceという文字列がオブジェクトです。このオブジェクトを変数s1

が参照します。したがって、Alice という String オブジェクトの所有者は s1 になります。

オブジェクトの所有は変数がスコープから外れるまで続きます。もちろん、意図的に**所有権を解放**することもできます。Rust では、解放することを**ドロップ**（**drop**）と呼びます。ドロップしてもオブジェクトは残ります。

ソースコード 5.4 に例を示します。

ソースコード 5.4 所有の概念

ファイル名「**~/ohm/ch5-2/own.rs**」

```
1  fn main() {
2      func();
3  }
4  
5  fn func() {
6      let s1 = String::from("Alice");
7      let s2 = String::from("Bob");
8  
9      println!("s1 = {}", s1);
10     println!("s2 = {}", s2);
11 }
```

ソースコードの概要

6 行目 Alice という文字列を生成し、変数 s1 がオブジェクトを所有

7 行目 Bob という文字列を生成し、変数 s2 がオブジェクトを所有

1 行目～**3 行目**で main 関数を定義をし、ユーザ定義関数である func 関数を呼び出します。func 関数は**5 行目**・**11 行目**で定義します。

6 行目で String 型変数である s1 を宣言し、Alice という文字列で初期化します。String オブジェクトの所有者は s1 になります。同様に、**7 行目**で String 型変数である s2 を宣言し、Bob という文字列で初期化します。String オブジェクトの所有者は s2 になります。

9 行目と**10 行目**で s1 と s2 の値を表示します。

func 関数は**11 行目**で終了しますので、s1 と s2 のスコープから外れます。この時点で s1 と s2 には、この String オブジェクトの所有権がなくなります。所有権がなくなったことを視覚化するには、**Drop トレイト**を実装する必要があります。これに関しては、本章の第 5.4.5 節で解説します。

ソースコード 5.4 をコンパイルして実行した結果を**ログ 5.1** に示します。実行結果に意味があるわけではありませんが、ある変数がオブジェクトを所有するという概念は理解できたと思います。

ログ 5.1 own.rs プログラムの実行

```
$ rustc own.rs
$ ./own
s1 = Alice
s2 = Bob
```

5.2.2 所有権のドロップ

変数がスコープから外れる前に、意図的に所有権をドロップすることができます。drop 関数を用いて、`drop( 変数名 );` と記述します。ドロップ後に、同じ名前の変数を宣言することはできます。

ソースコード 5.5 に意図的に所有権をドロップするプログラムの例を示します。

ソースコード 5.5 ドロップ

ファイル名「**~/ohm/ch5-2/drop.rs**」

```rust
fn main() {
    func();
}

fn func() {
    let s1 = String::from("Alice");
    let s2 = String::from("Bob");
    println!("s1 = {}", s1);
    println!("s2 = {}", s2);

    // 変数s1を解放
    drop(s1);

    let s1 = String::from("Chris");
    println!("s1 = {}", s1);
}
```

ソースコードの概要

6行目 Alice という文字列を生成し、変数 s1 がオブジェクトを所有
7行目 Bob という文字列を生成し、変数 s2 がオブジェクトを所有
12行目 s1 をドロップ
14行目 Chris という文字列を生成し、変数 s1 がオブジェクトを所有

1行目～3行目で main 関数を定義をし、ユーザ定義関数である func 関数を呼び出します。func 関数は5行目～16行目で定義します。

6行目で String 型変数である s1 を宣言し、Alice という文字列で初期化します。String オブジェクトの所有者は s1 になります。同様に、7行目で String 型変数である s2 を宣言し、Bob という文字列で初期化します。String オブジェクトの所有者は s2 になります。

8行目と9行目で s1 と s2 の値を表示します。

12行目で s1 をドロップします。この時点で s1 は Alice という String オブジェクトに対する所有権を解放します。

14行目で String 型変数である s1 を宣言し、Chris という文字列で初期化します。s1 はすでにスコープから外れているので、同じ変数名を使用することができます。

func 関数は16行目で終了しますので、s1 と s2 のスコープから外れます。この時点で String オブジェクトの所有権がなくなります。

ソースコード 5.5 をコンパイルして実行した結果を**ログ 5.2** に示します。変数とオブジェクトのドロップができていることが確認できます。

ログ 5.2 drop.rs プログラムの実行

```
1  $ rustc drop.rs
2  $ ./drop
3  s1 = Alice
4  s2 = Bob
5  s1 = Chris
```

5.2.3 所有構造

実際のプログラムでは、所有権は構造的になります。ある変数がオブジェクトを所有していて、そのオブジェクトは他のオブジェクトを所有するからです。

次の構造体を考えてください。

```
struct Rectangle {
    name: String,
    width: i32,
    height: i32,
}
```

main 関数内で、次のように構造体のオブジェクトを生成したとします。

```
let rect = Rectangle{"長方形".to_string(), width: 10, height: 20};
```

変数 rect は Rectangle オブジェクトを所有します。そして、Rectangle オブジェクトは、「長方形」という String オブジェクトを所有することとなります。

視覚化すると**図 5.3** のようになります。変数 rect の値はスタック領域に保存され、rect が参照する Rectangle オブジェクトはヒープ領域に格納されます。

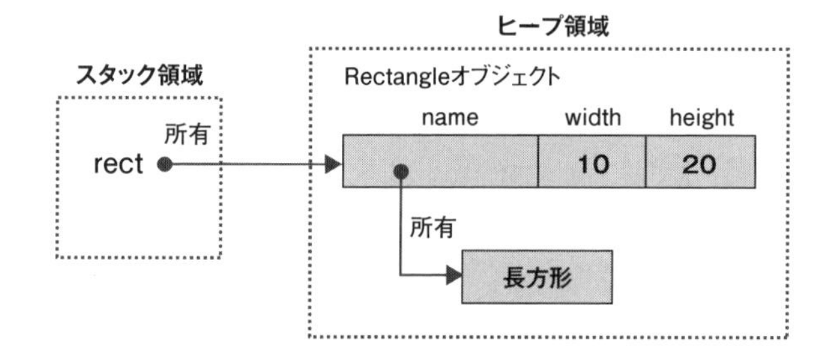

図 5.3　所有構造の例

ソースコード 5.6 に構造体を使用したプログラムの例を示します。

ソースコード 5.6 所有構造の例

ファイル名「**~/ohm/ch5-2/objstructure.rs**」

```
1  struct Rectangle {
2      name: String,
3      width: i32,
4      height: i32,
5  }
6
7  impl Rectangle {
8      fn new(w: i32, h: i32) -> Rectangle {
```

```
 9             Rectangle{name: "長方形".to_string(), width: w, height: h}
10         }
11     }
12 
13     fn main() {
14         let rect = Rectangle::new(10, 20);
15         println!("幅{}、高さ{}の{}を生成しました。", rect.width, rect.
    height, rect.name);
16     }
```

ソースコードの概要

1行目 ～ 5行目 Rectangle 構造体の定義
7行目 ～ 11行目 コンストラクタの定義
14行目 Rectangle オブジェクトを生成

1行目～5行目で、String 型と 2 つの i32 型から構成される Rectangle 構造体を定義します。7行目～11行目で Rectangle 構造体のコンストラクタを定義します。

13行目～16行目が main 関数です。14行目で Rectangle オブジェクトを生成します。各フィールドの値は、「長方形」という文字列と整数の 10 と 20 です。変数 rect が Rectangle オブジェクトを所有し、Rectangle オブジェクトの name フィールドが String オブジェクトを所有します。前出の図 5.3 と同じ構造になります。

ここでの目的はソースコードから所有構造を理解することですが、参考程度にソースコード 5.6 をコンパイルして実行した結果を**ログ 5.3** に示します。

ログ 5.3 objstructure.rs プログラムの実行

```
1 $ rustc objstructure.rs
2 $ ./objstructure
3 幅10、高さ20の長方形を生成しました。
```

5.2.4 所有構造は木構造

前述のとおり、あるオブジェクトの所有者（オブジェクトを参照する変数）は 1 人だけです。一方、ベクタ型や配列、構造体はデータの集合ですから、1 つの変数が 1 つ以上のオブジェクトを所有することは可能です。

親は 1 人、子は 1 人以上と考えると、所有構造は木構造（tree structure）になります。具体例を見てみましょう。前項と同じ Rectangle 構造体を定義します。

```
struct Rectangle {
    name: String,
    width: i32,
    height: i32,
}
```

今度はこの Rectangle 構造体のオブジェクトをベクタに格納します。たとえば次のようなコードを実行したらどうなるでしょうか？

```
let mut rectvec = Vec::new();
rectvec.push(Rectangle::new(10, 20));
rectvec.push(Rectangle::new(100, 50));
rectvec.push(Rectangle::new(30, 90));
```

ベクタ型変数である rectvec は 3 つの Rectangle オブジェクトを所有し、各 Rectangle オブジェクトは String オブジェクトを所有します。視覚化すると**図 5.4** のように木構造になります。

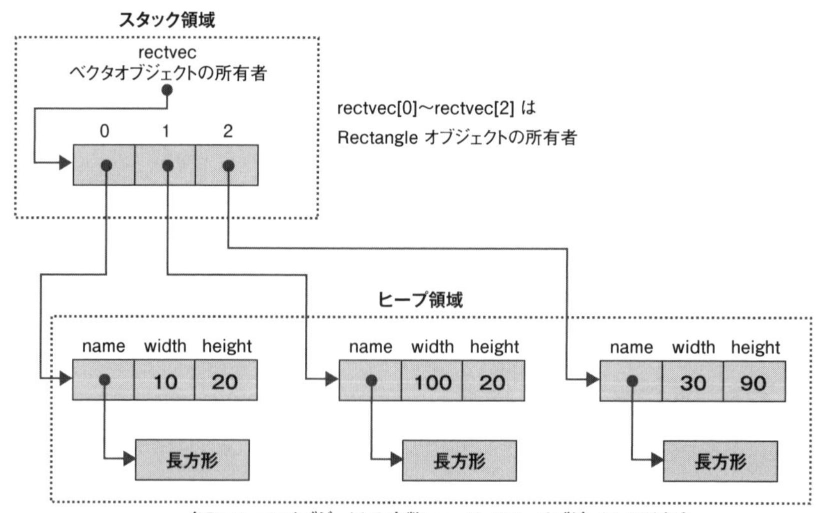

図 5.4　所有構造は木構造

ソースコード 5.7 に上記の構造をもつプログラムの例を示します。

ソースコード 5.7 複雑な所有構造の例

ファイル名「**~/ohm/ch5-2/objtree.rs**」

```
1  struct Rectangle {
2      name: String,
3      width: i32,
4      height: i32,
5  }
6
7  impl Rectangle {
8      fn new(w: i32, h: i32) -> Rectangle {
9          Rectangle{name: "長方形".to_string(), width: w, height: h}
10     }
11 }
12
13 fn main() {
14     let mut rectvec = Vec::new();
15     rectangles.push(Rectangle::new(10, 20));
16     rectangles.push(Rectangle::new(100, 50));
17     rectangles.push(Rectangle::new(30, 90));
18
19     for rect in &rectangles {
20         println!("幅{}、高さ{}の{}を生成しました。", rect.width, rect.
height, rect.name);
21     }
22 }
```

ソースコードの概要

1 行目 ～ 5 行目 Rectangle 構造体の定義
7 行目 ～ 11 行目 コンストラクタの定義
14 行目 Rectangle オブジェクトを要素にもつベクタオブジェクトを生成
15 行目 ～ 17 行目 Rectangle オブジェクトを生成し、ベクタに追加

1 行目～**5 行目**に示した Rectangle 構造体の定義と**7 行目**～**11 行目**に示したコンストラクタの定義は前項のソースコード 5.6 と同様です。

13 行目～**22 行目**が main 関数です。**14 行目**で、Rectangle 構造体のオブジェクトを要素にもつベクタ型変数 rectvec を宣言します。**15 行目**～**17 行目**では、

Rectangle オブジェクトを 3 つ生成し、rectvec にプッシュします。rectvec オブジェクトは、3 つの Rectangle オブジェクトを所有することとなります。

各 Rectangle オブジェクトは String オブジェクトと 2 つの i32 型のデータをもちます。オブジェクトの所有構造は、図 5.4 と同様になります。

ソースコード 5.7 をコンパイルして実行した結果を**ログ 5.4** に示します。

ログ 5.4 objtree.rs プログラムの実行

```
1  $ rustc objtree.rs
2  $ ./objtree
3  幅10、高さ20の長方形を生成しました。
4  幅100、高さ50の長方形を生成しました。
5  幅30、高さ90の長方形を生成しました。
```

5.3 所有権の移動

本節では、所有権の移動について解説します。Rust では、1 つのオブジェクトの所有者は 1 人だけです。原則として、イコール記号（=）を使用して、ある変数から他の変数へ値の代入を行ったり、関数への引き渡しを行ったりすると、オブジェクトの所有権は移動します。

所有権が移動するシステムは、C 言語や C++、Java、Python にはありません。Rust 特有の性質です。

なお、プリミティブ型の変数の値の所有権は移動せずにコピーされます。これに関しては本節の第 5.3.7 項で解説します。

5.3.1 移動の概念

移動の概念を学習するにあたり、従来のプログラミング言語ではどうであったかわからなければ、そのメリットが理解できません。そのため、ここでは C++ や Java、Python と比べながら解説します。概念的なことなので、プログラミング言語初学者でも理解できる内容です。なお、C 言語はすべて生ポインタで操作するので、以下で紹介する例は当てはまりませんが、生ポインタでも似たようなコードを記述すると同じ問題が発生します。

では、次のようなコードを例に考えていきましょう。

```
let name1 = String::from("Alice");
let name2 = name1;
```

String オブジェクトを作成し、変数 name1 を初期化します。変数 name2 を宣言し、name1 の参照先を代入します。この場合、変数 name1 と name2 の参照先はどうなるでしょうか？　次の 3 つの答えを思いつくと思います。

- 解答 1.　name1 と name2 は同じ String オブジェクトを参照する。
- 解答 2.　String オブジェクトをコピーして 2 つにし、name1 と name2 はそれぞれのオブジェクトを参照する。
- 解答 3.　name2 は name1 と同じオブジェクトを参照するが、name1 はもう使えない。

以下で 1 つずつ解説していきます。

同じオブジェクトを参照

解答 1 は、Python や Java のルールと同じです。異なる変数が同じオブジェクトを参照している状態になります。視覚化すると**図 5.5** のようになります。

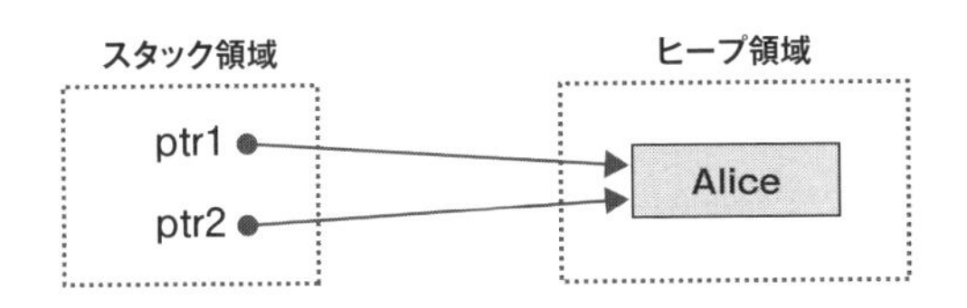

図 5.5　同じオブジェクトを参照

片方のポインタからオブジェクトを解放すると、もう片方のポインタが解放された領域を参照することとなります。たとえば、ptr2 がオブジェクトを解放したとします。**図 5.6** に解放後の状態を示します。ptr1 はオブジェクトが格納されていた場所をいまだに参照しています。

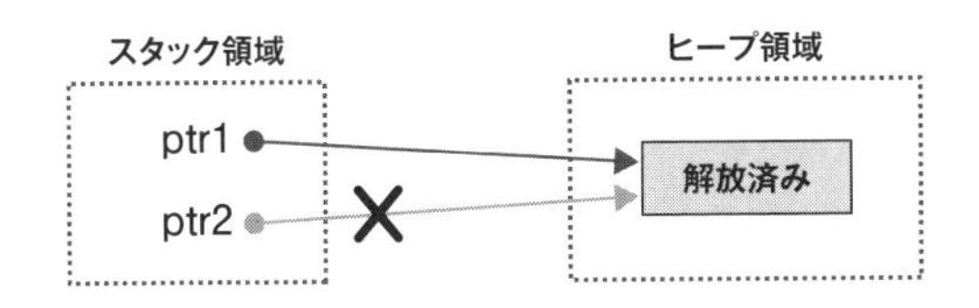

図 5.6　ptr2 がオブジェクトを解放したあとの状態

しかし、これではダングリングポインタが生成されてしまい、困ったことになります。そこでJavaやPythonでは、メモリ管理はすべてコンパイラ側が制御し、プログラマー自身によるオブジェクトの解放ができないようになっています。

具体的には、ガベージコレクションによってオブジェクトの解放を行います。これに関しては本節の第5.3.6項で解説します。

オブジェクトのコピー

解答2は、C++で用いられているルールです。ヒープ領域にオブジェクトを複製し、それぞれのポインタは別のオブジェクトを参照します。視覚化すると**図5.7**のようになります。

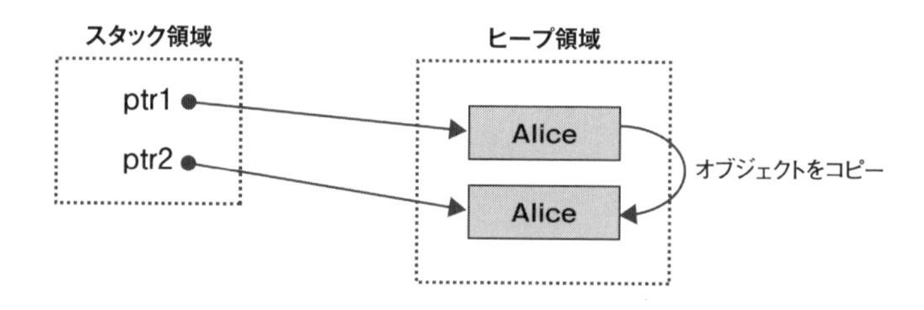

図5.7　オブジェクトのコピー

Rustでは、オブジェクトが不必要になった場合、プログラマーの責任で各ポインタが参照するオブジェクトを解放しなければいけません。コンパイル時にチェックされないため、プログラムの規模が複雑になるとバグが誘発されます。

移動

解答3は、Rustで用いられるルールで、所有権の移動です。ポインタやオブジェクトはコピーされずに、name1が所持していたStringオブジェクトの所有権がname2に移動します。所有権が移動すると、name1からはStringオブジェクトを参照できません。視覚化すると**図5.8**のようになります。

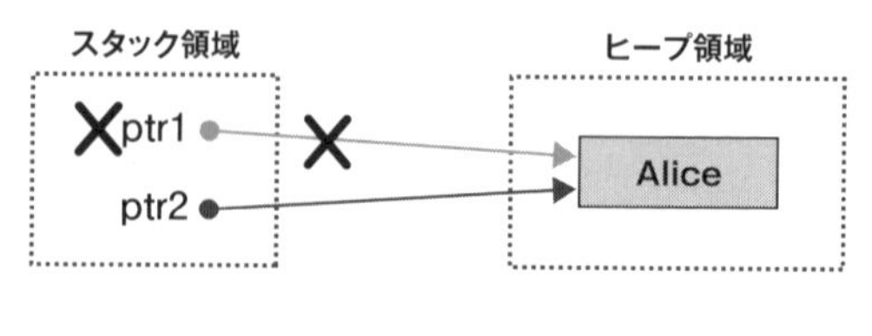

図5.8　移動

Rust では、所有権が移動するためダングリングポインタ（第 5.1.1 項のソースコード 5.1）や多重解放（第 5.1.2 項のソースコード 5.2）のような危険なコードはエラーになります。

5.3.2 所有権の移動の例

所有権の移動の例を**ソースコード 5.8** に示します。前項の解説内容をソースコードに記述したものです。

ソースコード 5.8 移動 その 1

ファイル名「**~/ohm/ch5-3/move1.rs**」

```
1  fn main() {
2      let name1 = String::from("Alice");
3      let name2 = name1;
4  
5      // 変数name2 を参照
6      println!("私の名前は{}です。", name2);
7  }
```

ソースコードの概要

- 2行目　変数 name1 を宣言し、String オブジェクトを生成
- 3行目　変数 name2 に name1 を代入（String オブジェクトの所有権が移動）
- 6行目　name2 が参照する文字列を表示

2行目で変数 name1 を宣言し、String オブジェクトを生成します。オブジェクトの所有権は、name1 がもちます。

3行目で name2 を宣言し、name1 の値を代入します。name2 は、2行目で生成したオブジェクトを参照することとなりますが、所有権が name1 から name2 へ移動します。この時点で、name1 から String オブジェクトを参照できなくなります。

6行目では、println! マクロを用いてオブジェクトの中身である文字列を表示します。

ソースコード 5.8 をコンパイルして実行した結果を**ログ 5.5** に示します。特に問題なくコンパイルとプログラムの実行ができます。

ログ 5.5 move1.rs プログラムの実行

```
1  $ rustc move1.rs
```

```
2  $ ./move1
3  私の名前はAliceです。
```

5.3.3 所有権の移動によるエラー

それではC++やJava、Python経験者が当たり前のように書くであろうソースコードを見てみましょう。**ソースコード5.9**に悪い例を示します。

前項のソースコード5.8とほぼ同じですが、所有権が移動したあとにオブジェクトにアクセスしようとする箇所が追加されています。

ソースコード5.9 移動の悪い例 その1

ファイル名「~/ohm/ch5-3/move1_bad.rs」 NGなコード

```rust
fn main() {
    let name1 = String::from("Alice");
    let name2 = name1;

    // 変数name2 を参照
    println!("私の名前は{}です。", name2);

    // この行を加えるとコンパイルエラー
    println!("私の名前は{}です。", name1);
}
```

ソースコードの概要

- 2行目 変数name1を宣言し、Stringオブジェクトを生成
- 3行目 変数name2にname1の内容を代入（Stringオブジェクトの所有権が移動）
- 9行目 name1にアクセス

2行目～6行目はソースコード5.8と同じです。9行目が追加した命令文で、所有権が移動したあとにname1にアクセスを試みます。2行目で生成したStringオブジェクトの所有権は3行目の命令でname2に移動しているため、name1からオブジェクトにはアクセスできません。

実際にコンパイルを試みると**ログ5.6**のようにエラーが出ます。これにより所有権が移動したことをコンパイラが確認し、name1にオブジェクトの所有権がないことを確認できます。

ログ 5.6 move1_bad.rs のコンパイル

```
1 $ rustc move1_bad.rs
2 error[E0382]: use of moved value: `name1`
3 ～省略～
```

C++ や Java、Python でソースコード 5.9 と同様のソースコードを記述すると、当たり前のようにコンパイルと実行ができますが、Rust の所有権システムではエラーが出るのです。

5.3.4 関数使用時の所有権の移動

関数へ引数を渡すときも所有権が移動します。プリミティブ型の変数は移動せず、コピーされます。これに関しては本節の第 5.3.7 項で解説します。

オブジェクトを関数の引数として渡したときに所有権システムがどのように機能するか見ていきます。**ソースコード 5.10** に例を示します。関数へオブジェクトを引数として渡すプログラムです。

ソースコード 5.10 移動 その 2

ファイル名「~/ohm/ch5-3/move2.rs」

```
1  fn main() {
2      let name = String::from("Alice");
3  
4      println!("関数を呼び出します。");
5      introduce(name);
6      println!("関数の処理が終了しました。");
7  }
8  
9  fn introduce(myname: String) {
10     println!("私の名前は{}です。", myname);
11 }
```

ソースコードの概要

2行目 変数 name を宣言し、String オブジェクトを生成
5行目 introduce 関数の呼び出し（所有権が移動）

2行目で変数 name を宣言し、String オブジェクトを生成します。5行目で

introduce 関数を呼び出します。前後の 4 行目 と 6 行目 では、関数を呼び出すというメッセージと関数の処理が終了したというメッセージを表示します。

9 行目 ~ 11 行目 で introduce 関数を定義します。引数は String 型で変数名は myname です。introduce 関数は受け取った文字列を表示するだけの内容です。

このプログラムのポイントは 5 行目 の関数呼び出し時に、String オブジェクトの所有権が main 関数の変数である name から introduce 関数の変数である myname に移動するということです。

ソースコード 5.10 をコンパイルして実行した結果を**ログ 5.7** に示します。エラーが出ることなくコンパイルとプログラムの実行ができます。

ログ 5.7 move2.rs プログラムの実行

```
1 $ rustc move2.rs
2 $ ./move2
3 関数を呼び出します。
4 私の名前はAliceです。
5 関数の処理が終了しました。
```

5.3.5 関数使用時の所有権移動によるエラー

ソースコード 5.11 に悪い例を示します。これも C++ や Java、Python で当たり前のように記述できるプログラムです。前項のソースコード 5.10 とほぼ同じですが、main 関数の最後に所有権が移動したあとの変数にアクセスを試みるプログラムです。

ソースコード 5.11 移動の悪い例 その 2

ファイル名「**~/ohm/ch5-3/move2_bad.rs**」 ✕ NG なコード

```
1  fn main() {
2      let name = String::from("Alice");
3
4      println!("関数を呼び出します。");
5      introduce(name);
6      println!("関数の処理が終了しました。");
7
8      // この行を加えるとコンパイルエラー
9      println!("文字列 {} を作成しました。", name);
10 }
11
12 fn introduce(myname: String) {
13     println!("私の名前は{}です。", myname);
14 }
```

ソースコードの概要

2行目 変数 name を宣言し、String オブジェクトを生成
5行目 introduce 関数の呼び出し（所有権が移動）
9行目 name が参照する文字列を表示

8行目のコメントと9行目の命令を追加した箇所以外は、ソースコード 5.10 と同じです。5行目の関数呼び出し時に、2行目で生成した String オブジェクトの所有権が introduce 関数の myname に移動します。そのため、9行目で name が参照するオブジェクトにアクセスしようとするとエラーが検出されるはずです。

実際にソースコード 5.11 をコンパイルするとエラーが検出されます。

5.3.6 所有権システム vs ガベージコレクション

C 言語や C++ では、プログラマー自身がメモリ管理をする必要がありました。具体的には、生成したオブジェクトが不必要になったとき、プログラマーの責任でメモリ領域を解放しなければなりません。C 言語では free 関数、C++ では delete 関数を使用します。これが本章の第 5.1 節で解説した**メモリ管理問題**を誘発します。

一方、Java や Python などの型安全なプログラミング言語では、プログラマーはメモリ管理の問題から解放されます。具体的には、**ガベージコレクション**によって使用されなくなったオブジェクトが自動的に解放されます。これに関しては、第 1.4.3 項で簡単に説明しました。

Rust では、ガベージコレクションを使用しません。使用しない技術を本書で説明する理由は、ガベージコレクションのメリットとデメリットを理解しないと、Rust のよさが理解できないからです。

このガベージコレクションを実行するプログラムを**ガベージコレクタ**と呼びます。ガベージコレクタは、使用されなくなったオブジェクトを自動的に解放します。この作業がガベージコレクションです。

あるオブジェクトが使用中であるか未使用であるかを判断する方法は 2 つあります。1 つ目は**参照カウンタ型**と呼ばれるもので、Python で使用されています。もう 1 つは追跡型と呼ばれるもので、Java で使用されています。

参照カウンタ型

参照カウンタは、オブジェクトを参照している変数の数を記憶するカウンタです。

このカウンタを使用して、あるオブジェクトが使用中であるか否かを判断します。

本節の第5.3.1項で示した次のコードを思い出してください。

```
let name1 = String::from("Alice");
let name2 = name1;
```

もし同等のコードをJavaかPythonで記述すれば、name1とname2は同じオブジェクトを参照します。そして、オブジェクトを参照している変数の数を数えるために参照カウンタを設置します。視覚化すると**図5.9**のようになります。

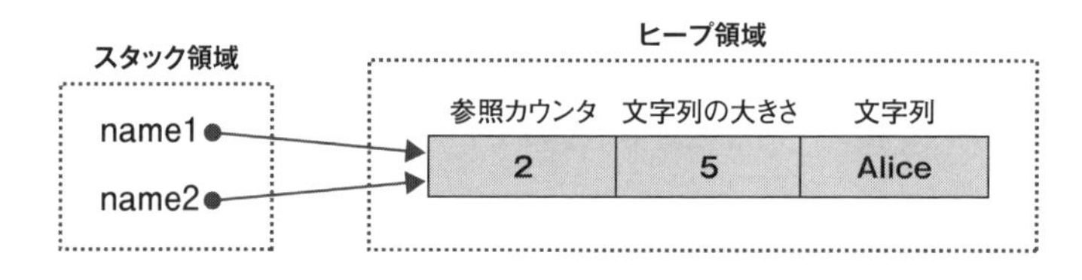

図5.9　参照カウンタの例

オブジェクトを参照している変数がスコープから外れると、参照カウンタの値が減ります。参照カウンタが0になると、ガベージコレクタがオブジェクトを解放します。

ある程度はガベージコレクションのタイミングを制御できますが、やはりプログラムが複雑になると、いつどのタイミングで実行されるかがわからなくなります。

追跡型

Javaのガベージコレクションは**追跡型**です。メモリ空間全体を監視して追跡し、オブジェクトを参照しているかどうかを確認します。どこからも参照されていないオブジェクトがあれば、そのオブジェクトを解放します。Javaではルートから探索していき、到達できないオブジェクトは不必要なものとして解放します。

追跡型はコストがかかる方法ですが、参照カウンタ型に比べてメリットがあります。参照カウンタ型では、循環参照されている場合に対処できません。たとえば、**図5.10**のように、オブジェクトAがオブジェクトBを参照していたとします。そしてオブジェクトBとオブジェクトCがお互いに参照し合っているとします。この場合、オブジェクトAを解放したとしても、オブジェクトBとオブジェクトCは永遠に解放されません。

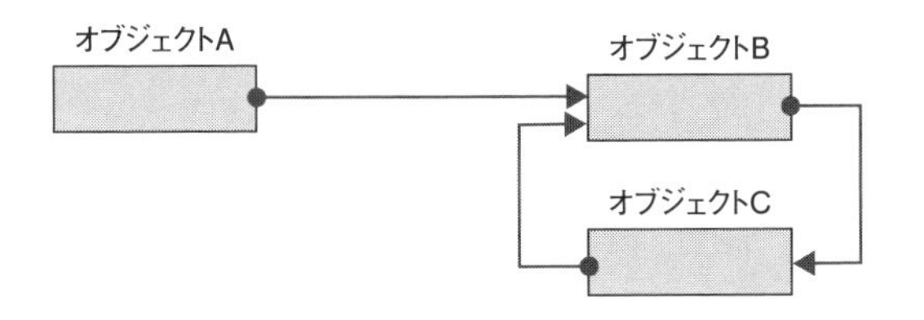

図 5.10 循環参照の例

ルートから探索する**追跡型**方式であれば、オブジェクト A を解放すると参照先を経由してもオブジェクト B と C には到達できません。これにより、循環参照の問題が解決できます。

なお、Rust では所有構造は木構造になるため、図 5.10 のような相互参照するソースコードは記述できません。

Rust はガベージコレクションを使わない

ガベージコレクションには、実行されるタイミングをコントロールできないことや、コストがかかることなどのデメリットがあります。これらの問題は、Rust コミュニティでは受け入れられません。

特にファイルシステムやネットワーク関連のプログラムでは、オペレーティングシステムが管理している資源をオブジェクトとして扱います。意図したタイミングで、それらのオブジェクトを解放できないのは困ります。

ガベージコレクションを使用せず、なおかつメモリ安全性が保証できれば理想的です。このような背景のもとに開発された仕組みが、Rust 特有の所有権システムなのです。

5.3.7 コピー型

ヒープ領域上に格納されるオブジェクトを参照する変数の代入は、所有権の移動を意味します。一方、プリミティブ型変数の代入文は、移動ではなくコピーします。このような型を**コピー型**と呼びます。

第 3.5 節では、関数にプリミティブ型の変数の引き渡しを行っていましたが、これらはすべてコピーされていたのです。

プリミティブ型の変数は宣言時に大きさが判明します。これに対して、構造体などのヒープ領域に格納されるオブジェクト型の値は大きさが不明です。もしオブジェクトをコピーしてしまうと、非常にコストが高くつく可能性があります。すなわち、ヒープ領域にオブジェクトを格納する領域を確保してコピーすることは時間がかかり、プログラムの処理速度低下につながります。プリミティブ型の変数では、このコストの問題が発生しません。そのため、移動ではなくコピーしたほうが速いのです。

ただし、Box 型変数の代入は、コピーではなく移動します。Box 型オブジェクトの中身はプリミティブ型の値ですが、あくまで構造体であり、ヒープ領域に格納されるオブジェクトだからです。

ソースコード 5.12 にコピーの例を示します。ソースコード 5.10 と似たような構造になっていますが、関数に渡す値はコピー型であるため、エラーが検出されることなく実行できるはずです。

ソースコード 5.12 値のコピー

ファイル名「**~/ohm/ch5-3/copy1.rs**」

```
 1  fn main() {
 2      let x = 10;
 3      let y = 30;
 4
 5      // 変数xとyはコピーされる
 6      incr(x, y);
 7
 8      // 変数を参照
 9      println!("main関数：x = {}, y = {}", x, y);
10  }
11
12  fn incr(mut x: i32, mut y: i32) {
13      x += 1;
14      y += 1;
15      println!("incr関数：x = {}, y = {}", x, y);
16  }
```

ソースコードの概要

2行目と3行目 変数 x と y を宣言し、整数値で初期化

6行目 incr 関数を呼び出し、x と y をコピー

9行目 println! マクロで x と y の値を表示

12行目～16行目 incr 関数を定義し、受け取った値を 1 増加させる

2行目と3行目で変数xとyを宣言し、整数の10と30で初期化します。6行目でincr関数を呼び出し、xとyの値を渡します。incr関数自体は12行目~16行目で定義しています。

9行目で変数xとyの値を表示させます。6行目でincr関数を呼び出して、変数を渡していますが、これらはコピーされるため所有権は移動しません。そのため、incr関数呼び出し後でもxとyの値にアクセスできます。

12行目~16行目でincr関数を定義します。可変変数として2つのi32型の整数を受け取り、それぞれ1増加させて値を表示させます。

ソースコード5.12をコンパイルして実行した結果を**ログ5.8**に示します。コピー型の値はコピーされるため、特に問題なく実行できることが確認できます。

ログ5.8 copy1.rsプログラムの実行

```
1  $ rustc copy1.rs
2  $ ./copy1
3  incr関数：x = 11, y = 31
4  main関数：x = 10, y = 30
```

5.4 参照の借用

本節では、**参照の借用**について解説します。**借用**とは、文字どおり「一時的にオブジェクトの値への参照を借りる」という意味です。

所有権の移動の仕組みによって、ダングリングポインタや多重解放の問題をコンパイル時に検出できるようになりました。しかし、それと同時にプログラマーは不自由を強いられます。言い換えると、C++やJava、Pythonの感覚でソースコードを記述できない場合が多々あるということです。

たとえば、関数の呼び出し時にオブジェクトの所有権が移動すると、それ以降は呼び出し元では当該オブジェクトにアクセスできなくなります。これではまともなプログラムが書けません。

そこでRustでは、借用という概念が導入されました。**図5.11**（a）に示すように、ptr1がオブジェクトの所有者だとします。この時点でptr1はオブジェクトを参照することができ、可変変数であればオブジェクトの中身を変更することもできます。

ここでptr2からオブジェクトを参照したい場合、ptr1から参照の借用を行います。この様子を示したのが図5.11（b）です。ptr2がptr1からオブジェクトの参照を借用すると、ptr1とptr2の両方からオブジェクトにアクセスすることができます。本章の第5.3節の図5.8（移動の概念図）とこの図5.11（b）（借用の概念図）を見比べると、所有と借用の違いが一目瞭然です。ただし、ptr2がオブジェクトの参照を借用している間は、ptr1が可変変数であってもオブジェクトの中身を変更することができません。他の変数がオブジェクトを参照している間に所有者がオブジェクトの中身を更新すると、**データの競合**が生じるからです。

図5.11（c）に示すように、その後、ptr2が借用したオブジェクトをptr1に返却したとします。ptr1はオブジェクトを参照することができ、さらに可変変数であればオブジェクトの中身を変更することができるようになります。

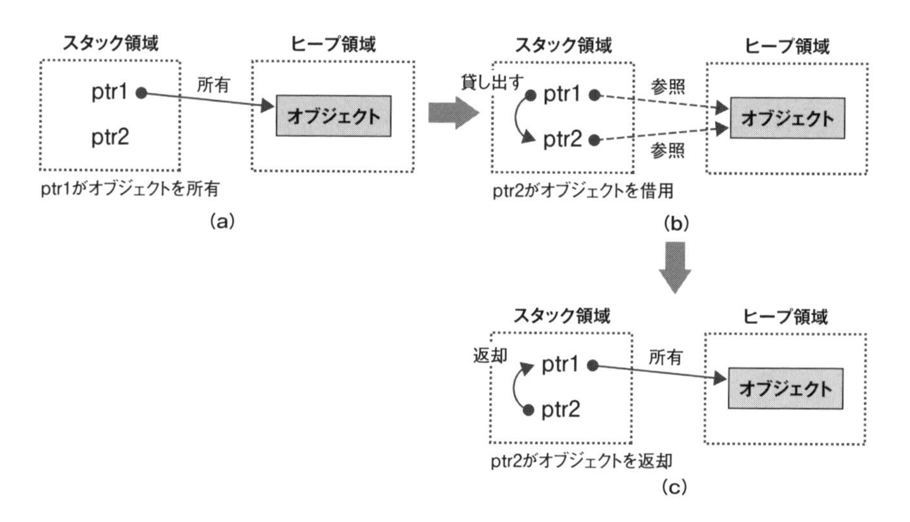

図5.11　借用の概念

それでは例を見ながら解説していきます。

5.4.1 借用の基本

借用の基本は、関数の受け渡し時に **&**（アンパーサンド）を付けるということだけです。

オブジェクトを参照する変数はポインタ型なので、参照先のアドレスを保持します。ポインタ型の変数に & を付けるのは違和感があるかもしれませんが、Rustでは参照を借用することを意味します。

ソースコード 5.13 に例を示します。String オブジェクトを生成し、ユーザ定義関数 introduce がそれを借用するプログラムです。

ソースコード 5.13 借用の概念

ファイル名「**~/ohm/ch5-4/borrow1.rs**」

```
1  fn main() {
2      let name = String::from("Alice");
3      introduce(&name);  // 参照の借用  引数に&を付ける
4
5      println!("文字列 {} を作成しました。", name);
6  }
7
8  fn introduce(myname: &String) {
9      println!("私の名前は{}です。", myname);
10 }  ここで借用したオブジェクトを返却
```

ソースコードの概要

- 2行目 変数 name を宣言し、String オブジェクトを生成
- 3行目 introduce 関数の呼び出し（参照の借用）
- 5行目 変数 name の文字列を表示

2行目で変数 name を宣言し、String オブジェクトで初期化します。オブジェクトの所有者は name になります。

3行目で introduce 関数を呼び出し、&name を引数として渡します。introduce 関数は8行目～10行目に定義されます。文字列を受け取って自己紹介文を表示するだけの関数です。

ここでオブジェクトの所有権は、introduce 関数の myname に移動しません。変数 name の前に & が付いているため、移動ではなく借用となるからです。introduce 関数内の myname のスコープは10行目で外れます。ここで借用したオブジェクトを返却します。

introduce 関数の実行後、5行目で name が参照している文字列を表示します。貸し出した参照が戻っているので、オブジェクトにアクセスすることが可能です。

ソースコード 5.13 をコンパイルして実行した結果を**ログ 5.9** に示します。エラーが出ることなく、コンパイルとプログラムの実行ができるはずです。

ログ 5.9 borrow1.rs プログラムの実行

```
1 $ rustc borrow1.rs
2 $ ./borrow1
3 私の名前はAliceです。
4 文字列 Alice を作成しました。
```

5.4.2 移動と借用の違い

所有権の移動と借用の違いは、所有権が戻ってくるかどうかです。

前項で解説したソースコード 5.13 の 3行目 を次のように変更してみてください。引数を渡すときに & を外します。

```
introduce(name);
```

この場合、String オブジェクトの所有権が introduce 関数内の myname に移動します。**ソースコード 5.14** に例を示します。

ソースコード 5.14 借用の代わりに移動した場合

ファイル名「**~/ohm/ch5-4/borrow1_bad.rs**」 ✕ NGなコード

```
 1 fn main() {
 2     let name = String::from("Alice");
 3     introduce(name);   // 所有権の移動 引数に&を付けない
 4 
 5     println!("文字列 {} を作成しました。", name);
 6 }
 7 
 8 fn introduce(myname: &String) {
 9     println!("私の名前は{}です。", myname);
10 } ここでmynameがスコープから外れる
```

ソースコードの概要

3行目 借用の代わりに所有権を移動

ソースコード 5.14 は、3行目 の関数を呼び出す箇所以外は、ソースコード 5.13 と同じです。この場合、オブジェクトの所有権が移動するため、5行目 の println! マクロで name にアクセスできません。コンパイルするとエラーが出ます。

5.4.3 借用が必要な例

実際のプログラミングで参照の借用が必要な例を解説します。

次のようなプログラムを考えてみます。まず、Rectangle 構造体を定義します。そして、Rectangle オブジェクトを引数として受け取り、面積を計算する compute_area 関数と周辺を計算する compute_side 関数を定義します。

1. Rectangle オブジェクトの生成
2. compute_area(オブジェクト);
3. compute_side(オブジェクト);

よくあるプログラミングのパターンですが、Rust でこのようなソースコードを記述する場合は、所有権の移動と参照の借用を意識しなければいけません。**ソースコード 5.15** にこのプログラムの例を示します。

ソースコード 5.15 借用の例

ファイル名「**~/ohm/ch5-4/borrow2.rs**」

```
1  struct Rectangle {
2      width: i32,
3      height: i32,
4  }
5
6  fn compute_aera(rect :&Rectangle) {
7      let area = rect.width * rect.height;
8      println!("長方形の面積 = {}", area);
9  }
10
11 fn compute_side(rect :&Rectangle) {
12     let side = 2 * (rect.width + rect.height);
13     println!("長方形の辺 = {}", side);
14 }
15
16 fn main() {
17     let rect = Rectangle{width: 10, height: 20};
18     compute_aera(&rect); // 参照の借用
19     compute_side(&rect); // 参照の借用
20 }
```

ソースコードの概要

1行目～4行目 Rectangle 構造体を定義
6行目～9行目 compute_area 関数を定義
11行目～14行目 compute_side 関数を定義
17行目 変数 rect を宣言し、Rectangle オブジェクトを生成
18行目 compute_area 関数の呼び出し
19行目 compute_side 関数の呼び出し

1行目～4行目で、2つのi32型変数をメンバにもつ Rectangle 構造体を定義します。6行目～9行目で Rectangle オブジェクトを引数として受け取り、長方形の面積を計算する compute_area 関数を定義します。11行目～14行目で Rectangle オブジェクトを引数として受け取り、長方形の周辺を計算する compute_side 関数を定義します。

main 関数の定義は16行目～20行目で行います。17行目で変数 rect を宣言し、Rectangle オブジェクトを生成します。

18行目で compute_area 関数を呼び出し、オブジェクトを引数として渡します。変数 rect に & を付けて借用にします。関数の実行が終了すると、貸した参照が rect に戻ってきます。

19行目で compute_side 関数を呼び出し、オブジェクトを引数として渡します。同様に変数 rect に & を付けて借用にします。

ソースコード 5.15 をコンパイルして実行した結果を**ログ 5.10** に示します。正しくプログラムが実行されることが確認できます。借用しなかった場合の例は次項で解説します。

ログ 5.10 borrow2.rs プログラムの実行

```
1 $ rustc borrow2.rs
2 $ ./borrow2
3 長方形の面積 = 200
4 長方形の辺 = 60
```

5.4.4 メモリ管理と借用

前項のソースコード 5.15 の18行目と19行目を、次のように、所有権の移動に変更したプログラムを考えてください。

```
compute_aera(rect); // 所有権が移動する
compute_side(rect); // ここでコンパイルエラーが出る
```

18行目で所有権が移動するため、19行目でコンパイルエラーが検出されることは明白でしょう。では、メモリ管理上の問題は何なのでしょうか？

もし、compute_area 関数内で変数 rect を解放するような処理があると、rect オブジェクトがなくなるので、compute_side 関数に存在しないオブジェクトを渡すこととなります。これは致命的なバグとなり得ます。だからコンパイルエラーを出さないといけないのです。

ソースコード 5.16 に悪い例を示します。前項のソースコード 5.15 との違いは、関数の呼び出し時に借用の代わりに所有権を移動させている点です。

ソースコード 5.16 借用の悪い例

ファイル名「~/ohm/ch5-4/borrow2_bad.rs」 ✕ NGなコード

```
1  struct Rectangle {
2      width: i32,
3      height: i32,
4  }
5
6  fn compute_aera(rect :Rectangle) {
7      let area = rect.width * rect.height;
8      println!("長方形の面積 = {}", area);
9  } ここで変数rectがスコープから外れる
10
11 fn compute_side(rect : Rectangle) {
12     let side = 2 * (rect.width + rect.height);
13     println!("長方形の辺 = {}", side);
14 }
15
16 fn main() {
17     let rect = Rectangle{width: 10, height: 20};
18     compute_aera(rect); // 所有権が移動する
19     compute_side(rect); // ここでコンパイルエラーが出る
20 }
```

ソースコードの概要

7行目 変数 rect を宣言し、Rectangle オブジェクトを生成
18行目 compute_area 関数の呼び出し（所有権が移動）
19行目 compute_side 関数の呼び出し

18行目で compute_area 関数を呼び出し、引数に変数 rect を渡します。このときに所有権が移動します。compute_area 関数の最後（**9行目**）で、Rectangle オブジェクトの所有者である rect（compute_area 関数内のローカル変数）がスコープから外れ、オブジェクトがドロップされます。

19行目で compute_side 関数を呼び出し、引数に変数 rect を渡します。しかし、ここでコンパイルエラーが出るはずです。すでに所有権が移動しており、変数 rect は未初期化状態だからです。

実際にコンパイルを試みるとエラーが検出されます。コンパイル結果を**ログ 5.11**に示します。「rect オブジェクトの所有権がソースコードの**18行目**で移動して、ソースコードの**19行目**で所有権が移動したオブジェクトにアクセスしている」といった旨のエラーが検出されます。

ログ 5.11 borrow2_bad.rs のコンパイル

```
1  $ rustc borrow2_bad.rs
2  error[E0382]: use of moved value: `rect`
3    --> borrow2_bad.rs:19:18
4     |
5  18 |     compute_aera(rect); // 所有権が移動する
6     |                  ---- value moved here
7  19 |     compute_side(rect); // ここでコンパイルエラーが出る
8     |                  ^^^^ value used here after move
9     |
10    = note: move occurs because `rect` has type `Rectangle`, which
   does not implement the `Copy` trait
11 ～省略～
```

5.4.5 所有権を移動したときのオブジェクトのドロップ

オブジェクトの所有権が移動した場合、新しい所有者はそのオブジェクトをドロップすることができます。一方、参照の借用ではドロップすることができません。本項では、その性質をプログラムを記述して確認します。

オブジェクトをドロップしたときの振る舞いを変更するには、**Drop トレイト**なる

ものを実装する必要があります。トレイトに関しては、第6.5節で解説します。ここでは、Dropトレイトのdropメソッドを構造体に実装するということだけ理解してください。また、dropメソッドは構造体に関連付けられるので、関数ではなくメソッドと呼びます。

Dropトレイトの実装

まず、次のようにMyStringという名前の構造体を定義します。Stringオブジェクトをメンバにもつ構造体です。

```
struct MyString {
    mystr: String
}
```

次にDropトレイトのdropメソッドを定義します。メソッド内のコードは、オブジェクトがドロップされたときに実行される処理になります。

```
impl Drop for MyString {
    fn drop(&mut self) {
        println!("オブジェクトをドロップしました。");
    }
}
```

オブジェクトをドロップする方法は、本章の第5.2.2項で説明したとおりです。`drop(オブジェクト);`と記述します。オブジェクトをドロップしたタイミングでdropメソッドの内容が実行されます。

オブジェクトのドロップの例

ソースコード5.17に、所有権を移動したときにオブジェクトをドロップするプログラムの例を示します。

ソースコード5.17 所有権を移動したときのオブジェクトのドロップ

ファイル名「**~/ohm/ch5-4/move_and_drop.rs**」

```
1  struct MyString {
2      mystr: String
3  }
4
```

```
5  impl Drop for MyString {
6      fn drop(&mut self) {  オブジェクトがドロップされたときに処理が実行される
7          println!("オブジェクトをドロップしました。");
8      }
9  }
10
11 fn main() {
12     let name = MyString{mystr: String::from("Alice")};
13     introduce(name); // 所有権の移動
14
15     println!("main関数の実行が終了しました。");
16 }
17
18 fn introduce(myname: MyString) {
19     println!("私の名前は{}です。", myname.mystr);
20     drop(myname);
21 }
```

ソースコードの概要

1行目 ～ 3行目　String オブジェクトをメンバにもつ MyString 構造体の定義
5行目 ～ 9行目　drop メソッドの実装
11行目 ～ 16行目　main 関数を定義
12行目　変数 name を宣言し、MyString オブジェクトを生成
13行目　introduce 関数の呼び出し（所有権の移動）
18行目 ～ 21行目　introduce 関数を定義
20行目　オブジェクトをドロップ

1行目～3行目で String オブジェクトをメンバにもつ MyString 構造体を定義します。5行目～9行目で drop メソッドを実装します。今の段階では、このように記述すれば、オブジェクトをドロップしたときに7行目の println! マクロが実行されてターミナルにメッセージが表示されるとだけ考えてください。

main 関数の定義は11行目～16行目で行います。12行目で変数 name を宣言し、MyString オブジェクトを生成します。13行目で introduce 関数を呼び出し、引数に生成したオブジェクトを渡します。ここで所有権が移動します。introduce 関数の実行後は、15行目で main 関数の処理が終了したことを表示します。

introduce 関数は18行目～21行目で定義しています。文字列を受け取り、自己紹介文を表示します。そして、20行目で引数で受け取った MyString オブジェクトを

ドロップします。

順番としては、ドロップしたときに 7行目 の println! マクロが実行され、main 関数終了時に 15行目 の println! マクロが実行されます。つまり、オブジェクトの所有者が introduce 関数の myname に移動したため、introduce 関数内でオブジェクトがドロップできたといえます。

ソースコード5.17をコンパイルして実行した結果を**ログ5.12**に示します。4行目 と 5行目 に表示された文字列を確認してください。オブジェクトを introduce 関数内でドロップできていることが確認できます。

ログ5.12 move_and_drop.rs プログラムの実行

```
1 $ rustc move_and_drop.rs
2 $ ./move_and_drop
3 私の名前はAliceです。
4 オブジェクトをドロップしました。
5 main関数の実行が終了しました。
```

もし、introduce 関数を呼び出すときに参照の借用をしていれば、所有権が移動しないのでオブジェクトのドロップができません。次項でこれについて解説します。

5.4.6 借用したときのオブジェクトのドロップ

参照を借用した場合のオブジェクトのドロップはどうなるかを見ていきます。

ソースコード5.18 に例を示します。ソースコード5.17とほぼ同様のソースコードで、違いは関数の呼び出し時に所有権を移動させる代わりに参照を借用する点です。

ソースコード5.18 借用したときのオブジェクトのドロップ

ファイル名「~/ohm/ch5-4/borrow_and_drop.rs」

```
1  struct MyString {
2      mystr: String
3  }
4
5  impl Drop for MyString {
6      fn drop(&mut self) {
7          println!("オブジェクトをドロップしました。");
8      }
9  }
10
```

```
11  fn main() {
12      let name = MyString{mystr: String::from("Alice")};
13      introduce(&name); // 参照の借用
14  
15      println!("main関数の実行が終了しました。");
16  } ここでMyStringオブジェクトがドロップされる
17  
18  fn introduce(myname: &MyString) {
19      println!("私の名前は{}です。", myname.mystr);
20      drop(myname);
21  }
```

ソースコードの概要

13行目 introduce 関数の呼び出し（参照の借用）

13行目以外は前項のソースコード5.17と同じです。20行目でMyStringオブジェクトをドロップしようとしますが、この箇所は参照を借用しているだけなので、実はドロップできません。ただし、ドロップしようとしてもエラーは出ません。オブジェクトがドロップされるのは、main関数内の変数nameがスコープから外れるときです。すなわち、main関数の処理がすべて終了してからです。

7行目（オブジェクトがドロップされたとき）と15行目（main関数の最後）のprintln!マクロが実行される順番がどうなるかを意識してプログラムを実行してみてください。

ソースコード5.18をコンパイルして実行した結果を**ログ5.13**に示します。4行目にmain関数の実行が終了したというメッセージが表示されてから、5行目にオブジェクトをドロップしたというメッセージが表示されています。introduce関数内では、オブジェクトがドロップできないことを確認できます。

ログ5.13 borrow_and_drop.rs プログラムの実行

```
1  $ rustc borrow_and_drop.rs
2  $ ./borrow_and_drop
3  私の名前はAliceです。
4  main関数の実行が終了しました。
5  オブジェクトをドロップしました。
```

5.5 可変参照の借用

本節では、可変参照の借用について解説します。前節の参照の借用では、借用したオブジェクトの内容を変更することができませんでした。可変参照との違いを明確にするために、これを共有参照の借用と呼びます。借りた側がオブジェクトを参照することができ、かつ変更することができる仕組みが、**可変参照の借用**となります。

5.5.1 可変参照の借用の基本

可変参照なので、参照先のオブジェクトは可変である必要があります。そのため、オブジェクトを参照する変数の宣言時にはmutを付ける必要があります。

オブジェクトを借用するときは、&mut **変数名**という書式を使います。共有参照の借用と比較すると次のようになります。

- 共有参照の借用：& 変数名
- 可変参照の借用：&mut 変数名

共有参照の借用との違いは、アンパーサンドの後ろにmutキーワードを付ける点だけです。

ソースコード5.19に可変参照の借用の例を示します。Stringオブジェクトを生成し、借用する側が内容を変更するプログラムです。

ソースコード5.19 可変参照の借用

ファイル名「**~/ohm/ch5-5/mutref1.rs**」

```
1  fn main() {
2      let mut msg = String::from("Hi");
3      println!("変更前：msg = {}", msg);
4  
5      // メッセージの内容を変更
6      change_msg(&mut msg);
7      println!("変更後：msg = {}", msg);
8  }
9  
10 fn change_msg(msg: &mut String) {
11     msg.push_str(", how are you?");
12 }
```

ソースコードの概要

2行目 可変変数msgを宣言し、Stringオブジェクトを生成
6行目 change_msg関数の呼び出し（可変参照の借用）
7行目 msgの内容を表示
10行目 ～ 12行目 change_msg関数を定義

2行目で可変変数msgを宣言し、Stringオブジェクトを生成し、「Hi」という文字列で初期化します。**3行目**でmsgの初期値を表示します。

6行目でchange_msg関数を呼び出して、**7行目**で関数実行後にmsgの内容を表示します。

10行目～**12行目**でchange_msg関数を定義します。受け取ったStiringオブジェクトに「, how are you?」という文字列を追加する処理内容となっています。

7行目でchange_msg関数実行後の文字列を表示します。msgの初期値が「Hi」なので、関数実行後の文字列は、オブジェクトの内容が変更されて「Hi, how are you?」となるはずです。

ソースコード5.19をコンパイルして実行した結果を**ログ5.14**に示します。参照を借用した型でStringオブジェクトの内容を変更できることが確認できます。

ログ5.14 mutref1.rsプログラムの実行

```
1  $ rustc mutref1.rs
2  $ ./mutref1
3  変更前：msg = Hi
4  変更後：msg = Hi, how are you?
```

5.5.2 可変参照の借用を用いた関数例

ここまで学習すると、それらしいプログラムが書けるようになります。可変参照の借用を用いて、**フィボナッチ数列**の計算を行うプログラムを作成します。

フィボナッチ数列は、フィボナッチ数の集まりです。フィボナッチ数は、非負の整数nに対して次のように定義されます。

$$F_0 = 0 \tag{5.1}$$

$$F_1 = 1 \tag{5.2}$$

$$F_n = F_{n-1} + F_{n-2} \tag{5.3}$$

具体的な数値を並べると、0, 1, 1, 2, 3, 5, 8, 13, 21, 34, ... と、永遠に続きます。

ソースコード 5.20 にフィボナッチ数列を計算するプログラムの例を示します。大学のアルゴリズムやプログラミングの授業であれば、同様のコードを C 言語などで記述する課題が出るでしょう。Rust で記述するなら、可変借用の参照をマスターしておく必要があります。

ソースコード 5.20 フィボナッチ数列の計算

ファイル名「**~/ohm/ch5-5/mutref2.rs**」

```
 1  fn main() {
 2      let mut fib: Vec<i32> = vec![0, 1];
 3  
 4      // フィボナッチ行列に8要素分追加
 5      let mut cnt = 0;
 6      while cnt < 8 {
 7          add_element(&mut fib);
 8          cnt += 1;
 9      }
10  
11      // 結果を表示
12      println!("fib = {:?}", fib);
13  }
14  
15  // fib[n] = fib[n-2] + fib[n-1]
16  fn add_element(fib: &mut Vec<i32>) {
17      let len = fib.len();
18      let x = fib[len - 2];
19      let y = fib[len - 1];
20      fib.push(x + y);
21  }
```

ソースコードの概要

2行目 変数 fib を生成し、要素数が 2 のベクタで初期化
5行目 ～ 9行目 while ループでフィボナッチ数をベクタに追加
12行目 フィボナッチ数列を表示
16行目 ～ 21行目 フィボナッチ数の計算
18行目 fib[n-2] を計算
19行目 fib[n-1] を計算
20行目 fib[n] の値をベクタにプッシュ

2行目で変数 fib を生成し、要素数が 2 のベクタで初期化します。初期値は fib[0] が 0 で、fib[1] が 1 です。この 2 つがフィボナッチ数列の基礎ケース（再帰関数のベースとなる値）となります。

5行目～9行目では、while ループを用いてフィボナッチ数をベクタに追加します。8 回ループを繰り返すので、最終的には fib ベクタの要素数は合計で 10 となります。

7行目の add_element 関数を呼び出して、ベクタオブジェクトを引数として渡します。可変参照の借用なので、引数を &mut fib とします。12行目で計算したフィボナッチ数列を表示します。

add_element 関数の定義は、16行目～21行目で行います。この関数内でフィボナッチ数の値を計算します。引数として受け取るベクタオブジェクトの大きさは 2 以上でなければいけません。フィボナッチ数列の基礎ケースがそうだからです。

17行目で fib の大きさを調べ、18行目と19行目で fib[n-2] と fib[n-1] を計算します。20行目で fib[n] の値を計算して、ベクタオブジェクトにプッシュします。add_element 関数の処理が終了すると、借用したオブジェクトが返却されます。

while ループを抜けると、12行目でフィボナッチ数列の内容を表示します。

ソースコード 5.20 をコンパイルして実行した結果を**ログ 5.15** に示します。借用側がベクタオブジェクトを更新し、フィボナッチ数列が正しく計算できていることが確認できます。

ログ 5.15 mutref2.rs プログラムの実行

```
1 $ rustc mutref2.rs
2 $ ./mutref2
3 fib = [0, 1, 1, 2, 3, 5, 8, 13, 21, 34]
```

5.5.3 コピー型の可変参照の借用

本項では、**コピー型の可変参照の借用**について解説します。プリミティブ型を含むコピー型変数の場合は、移動ではなくコピーされると本章の第 5.3.7 項で説明しました。そのため、コピー型には共有参照の借用はありません。値をコピーするので、借用する必要がないからです。

しかし、可変参照の借用はコピー型変数にも必要なのです。呼び出した関数内でコピー型の値を変更したい場合もあると思いますが、コピーされた変数が更新されてもコピー元の変数には反映されません。その性質は第 5.3.8 項のソースコード 5.12 で説明しました。借用側でコピー型変数の値を変更し、それが貸出側の値に反映できれば非常に便利です。

プリミティブ型変数の場合、変数には参照ではなく値そのものが保存されています。

借用する側は可変参照として借用するため、記述方法に少し注意する必要があります。
次のコードで考えみましょう。

```
let mut x = 1;
func(&mut x);
```

可変変数 x を宣言し、整数の 1 で初期化します。次に func 関数を呼び出し、可変参照の借用を行います。オブジェクトの場合と同様に、&(アンパーサンド)と mut キーワードを付けます。

では、func 関数内で x の値にアクセスするにはどうしたらよいでしょうか？func 関数の引数が次のような場合を考えます。

```
fn func(var: &mut i32) {
    関数内の処理
}
```

func 関数の引数である変数 var は、i32 型の変数の可変参照を受け取ります。関数を呼び出すと var に &mut x が代入されます。ここで var は参照で、x が格納されているアドレスを保持しているはずです。x の値にアクセスするためには、変数名にアスタリスクを付けて *var とする必要があります。この辺は生ポインタの記述方法と似ています。

視覚化すると**図 5.12** のようになります。func 関数の変数 var は、main 関数の変数 x を参照します。func 関数内で *var の値を変更すると、変数 x の値に反映されます。

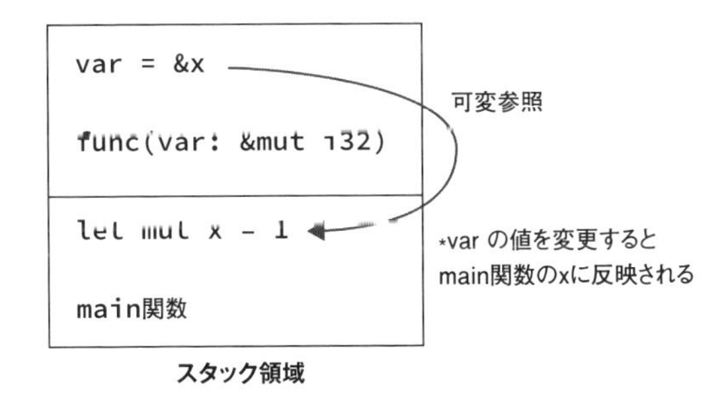

図 5.12　コピー型の可変参照の借用の例

ソースコード 5.21 にコピー型の可変参照の借用の例を示します。関数に i32 型の可変参照を渡し、借用側で値を更新するプログラムになっています。

ソースコード 5.21 プリミティブ型の可変参照の借用

ファイル名「~/ohm/ch5-5/primitive_mutref.rs」

```
fn main() {
    let x = 1;
    incr(x);
    println!("main関数：x = {}", x);

    let mut y = 1;
    incr_by_ref(&mut y);
    println!("main関数：y = {}", y);
}

fn incr(mut x: i32) {
    x = x + 1;
    println!("incr関数: x = {}", x);
}

fn incr_by_ref(y: &mut i32) {
    *y = *y + 1;
    println!("incr_by_ref関数: y = {}", *y);
}
```

ソースコードの概要

- 2行目 ～ 4行目　i32 型変数 x を incr 関数に渡して、値を増加させる
- 6行目 ～ 8行目　i32 型変数 y を incr_by_ref 関数に可変参照の借用として渡し、値を増加させる
- 11行目 ～ 14行目　incr 関数を定義
- 16行目 ～ 19行目　incr_by_ref 関数を定義

2行目で i32 型の変数 x を宣言し、整数の 1 で初期化します。3行目で incr 関数を呼び出し変数 x の値を渡します。4行目で x の値を表示させます。incr 関数側では x の値がコピーされているので、main 関数内の x の値は初期値のままとなります。

6行目で i32 型の可変変数 y を宣言し、整数の 1 で初期化します。7行目で incr_by_ref 関数を呼び出し変数 y の値を渡します。可変参照の借用として渡すため、引数の値が &mut y となっていることに注意してください。8行目で y の値を表示させます。incr_by_ref 関数側で y の値を更新していれば、main 関数側にも反映されます。

16行目～19行目では incr_by_ref 関数を定義します。引数は i32 型の可変参照で、

変数名はyです。17行目で受け取った変数の値を増加させます。関数内のyは参照ですから、値を増加させるためにはアスタリスクを付けて、`*y = *y + 1;`と記述します。18行目でyの値を表示します。

ソースコード5.21をコンパイルして実行した結果を**ログ5.16**に示します。3行目と4行目には、incr関数の変数xとmain関数の変数xの値が表示されています。値はコピーされているので、incr関数内で値を増加させてもmain関数に反映されていません。

5行目と6行目には、incr_by_ref関数の変数yとmain関数の変数yの値が表示されています。可変参照を借用をしているため、incr_by_ref関数内で更新した値がmain関数に反映されていることが確認できます。

ログ5.16 primitive_mutref.rsプログラムの実行

```
1 $ rustc primitive_mutref.rs
2 $ ./primitive_mutref
3 incr関数: x = 2
4 main関数：x = 1
5 incr_by_ptr関数: y = 2
6 main関数：y = 2
```

5.5.4 可変借用を用いたアルゴリズムの例

ここまで理解できれば、アルゴリズムの授業で学習するソートなどのプログラムを組むことができるでしょう。本項では、簡単なソートアルゴリズムである挿入ソートをRustで実装してみます。

i32型の値をもつ配列を用意し、配列を受け取って値をソートする関数を定義します。このときに可変参照の借用を適用します。

挿入ソートは非常に簡単なソートアルゴリズムです。配列をスキャンして一番小さい値を調べ、前にもってくるだけです。ソートの結果、配列の要素は昇順に並びます。

ソースコード5.22に挿入ソートの実装例を示します。

ソースコード5.22 挿入ソート

ファイル名「**~/ohm/ch5-5/insertion.rs**」

```
1 fn main() {
2     let mut array: [i32; 8] = [10, 3, 19, 20, 5, 4, 99, 1];
3 
4     // ソート前の配列の要素
```

```
5       println!("ソート前：{:?}", array);
6   
7       // 配列の要素をソート
8       insertion_sort(&mut array);
9   
10      // ソート後の配列の要素
11      println!("ソート後：{:?}", array);
12  }
13  
14  // 挿入ソート
15  fn insertion_sort(unsorted: &mut [i32]) {
16      for i in 1..unsorted.len() {
17          let tmp = unsorted[i];
18          if unsorted[i - 1] > tmp {
19              let mut j = i;
20              while j > 0 && unsorted[j - 1] > tmp {
21                  unsorted[j] = unsorted[j - 1];
22                  j -= 1;
23              }
24              unsorted[j] = tmp;
25          }
26      }
27  }
```

ソースコードの概要

- **2行目** 配列変数 array を宣言し、整数で初期化
- **5行目** ソート前の配列の中身を表示
- **8行目** insertion_sort 関数を呼び出し、配列をソート
- **11行目** ソート後の配列の中身を表示
- **15行目～27行目** 挿入ソートの実装

2行目で配列変数 array を宣言し、整数の列で初期化します。配列の要素の並びに規則はありません。**5行目**でソート前の配列の中身を表示します。

8行目で insertion_sort 関数を呼び出し、配列をソートします。引数に &mut array を渡して、可変参照の借用をします。insertion_sort 関数により並び替えられた配列が、main 関数内の array に反映されます。

11行目でソートした配列 array を表示します。各要素が昇順に並び替えられているはずです。

15行目〜**27行目**で insertion_sort 関数を定義します。内容は挿入ソートそのままです。ソートアルゴリズムに関しては、関連書籍などを参考にしてください。

ソースコード5.22をコンパイルして実行した結果を**ログ5.17**に示します。挿入ソートによって配列の要素が昇順に並び替えられていることが確認できます。

ログ5.17 insertion.rs プログラムの実行

```
1 $ rustc insertion.rs
2 $ ./insertion
3 ソート前：[10, 3, 19, 20, 5, 4, 99, 1]
4 ソート後：[1, 3, 4, 5, 10, 19, 20, 99]
```

5.5.5 共有参照と可変参照

共有参照と**可変参照**に関して、少しだけ設計上の問題を解説します。Rust では、変数束縛という概念があり、可変であることを明示的にしなければ値を変更することができません。そのため、共有参照と可変参照の 2 種類があります。

ここにはプログラミング言語設計上の重要な性質があります。それは**複数 Reads**と**単一 Write** の実現で、特にマルチスレッドプログラムを記述する場合に重要になってきます。Read とは、値やオブジェクトにアクセスすることです。Write は、値やオブジェクトを変更することです。

共有参照と可変参照を簡単に説明すると次のようになります。

- 共有参照：オブジェクトにアクセスできるが、変更ができない
- 可変参照：オブジェクトへのアクセスと変更が可能

これまでの例では特に意識しなくも問題ありませんでしたが、マルチスレッドプログラミングでは次の性質も理解しておく必要があります。

- 共有参照：借用中は、所有者でもオブジェクトを変更できない
- 可変参照：排他アクセスとなり、所有者ですら返却してもらうまでオブジェクトにアクセスできない

なお、排他アクセスとは、第 1.4.4 項で説明した複数のプログラムが同時に同じオブジェクトにアクセスするときにデータが競合しないことを保証する仕組みです。あるプログラムがオブジェクトの中身を変更できる状態である期間は、他のプログラムがそのオブジェクトにアクセスできないことを保証します。

共有参照の借用中は、所有者でもオブジェクトを変更できません。借り手側がアクセスしている間にオブジェクトの内容が変わると、データ競合の問題が生じるからです。
一方、可変参照の借用中は、所有者ですら返却してもらうまで、貸し出したオブジェクトにアクセスできません。これは所有者と借り手側が同時にオブジェクトを変更するのを防ぎ、単一 Write を保証するためです。

5.6 借用と生存期間

参照を用いる場合、参照先の変数のスコープがそれを参照しているポインタ型変数より先にスコープから外れることがあってはなりません。ダングリングポインタとなってしまうからです。関数や構造体で参照の借用を行う場合、変数のスコープが非常にややこしくなり、変数が有効である時間を明確にしなければならないときがあります。この変数が生きている時間を、**生存期間**と呼びます。

5.6.1 生存期間の基本

これまで例に挙げてきたプログラムでは、各変数の生存期間はコンパイラが自動的に推測していました。本項では、生存期間を明確にしなければならないプログラムを解説します。

変数の生存期間とコンパイルエラー

まず、借用側の変数の生存期間が、借用する変数の生存期間より長い例を**ソースコード 5.23** に示します。

ソースコード 5.23 参照の借用の悪い例

ファイル名「~/ohm/ch5-6/lifetime1_bad.rs」 ✕ NGなコード

```
1  fn main() {
2      let ptr: &i32;
3      {
4          let val: i32 = 10;
5          ptr = &val;
6      }
7      println!("*ptr = {}", *ptr);
8  }
```

ソースコードの概要

2行目 i32 型を参照する変数 ptr を宣言
3行目 〜 6行目 ブロックで囲む
4行目 i32 型変数 val を宣言し、整数の 10 で初期化
5行目 ptr が val の参照を借用
7行目 *ptr の値を表示

2行目で i32 型を参照するポインタ型変数 ptr を宣言します。

3行目~**6行目**をブロックで囲みます。**4行目**で変数 val を宣言し、整数型の 10 で初期化します。**5行目**でポインタ型変数 ptr が val の参照を借用します。**6行目**の波括弧でブロックが終わり、変数 val がスコープから外れます。

7行目でポインタ型変数 ptr が参照する値を表示します。しかし、ポインタ型変数 ptr の参照先の変数 val はすでにスコープから外れています。ポインタ型変数 ptr はダングリングポインタになります。

ポインタ型変数 ptr と val の生存期間を視覚化すると**図 5.13** のようになります。変数 val の生存期間はポインタ型変数 ptr の生存期間を含んでいなければいけませんが、そうなっていないのでコンパイルエラーとなります。

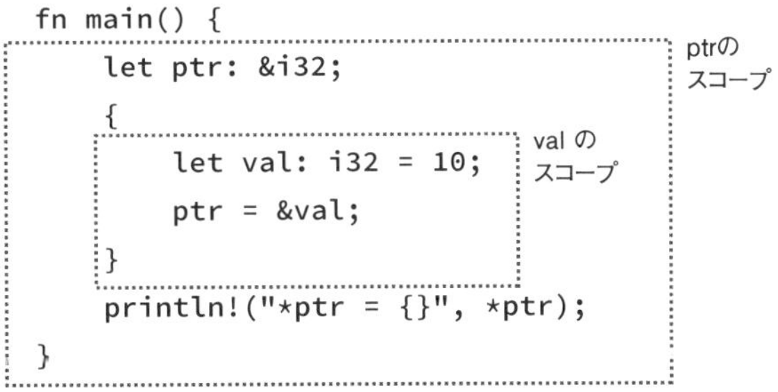

```
fn main() {
    let ptr: &i32;
    {
        let val: i32 = 10;
        ptr = &val;
    }
    println!("*ptr = {}", *ptr);
}
```

ptrの
スコープ

val の
スコープ

図 5.13 ptr と val のスコープ

ソースコード 5.23 をコンパイルして実行した結果を**ログ 5.18** に示します。変数 val の生存期間が十分でない、といったエラーが検出されます。

ログ 5.18 lifetime1_bad.rs のコンパイル

```
$ rustc lifetime1_bad.rs
error[E0597]: `x` does not live long enough
～省略～
```

ソースコード 5.23 を修正するのは簡単でしょう。**ソースコード 5.24** に修正したプログラムの例を示します。

ソースコード 5.24 ソースコード 5.23 を修正したプログラム

ファイル名「**~/ohm/ch5-6/lifetime1.rs**」

```
fn main() {
    let val: i32 = 10;
    let ptr: &i32;

    ptr = &val; // 参照の借用

    println!("*ptr = {}", *ptr);
}
```

変数 val とポインタのスコープは**図 5.14** のようになり、ダングリングポインタが発生しないようになります。

```
fn main() {
    let val: i32 = 10;
    let ptr: &i32;

    ptr = &val; // 参照の借用

    println!("*ptr = {}", *ptr);
}
```


図 5.14 修正後の ptr と val のスコープ

生存期間の宣言の必要性

生存期間の問題は、構造体のメンバや関数の引数または戻り値に参照を使用したときに生じます。まずは関数の戻り値の例から見てみましょう。

ソースコード 5.25 に悪い例を示します。ref_max 関数を定義して大きいほうの値を表示するプログラムです。ref_max 関数では、2 つの整数値を受け取る代わりに参照を借用します。そして、大きいほうの値が格納されている変数の参照を戻り値として返します。

関数への値を引き渡すときに参照を使っているだけで、プログラム自体は簡単だと思います。

ソースコード 5.25 参照の借用と戻り値

ファイル名「**~/ohm/ch5-6/lifetimefunc_bad.rs**」　✖ NGなコード

```
 1 fn main() {
 2     let x = 10;
 3     let y = 20;
 4 
 5     let z: &i32 = ref_max(&x, &y);
 6     println!("大きいほうの値 = {}", z);
 7 }
 8 
 9 fn ref_max(x: &i32, y: &i32) -> &i32 {
10     if *x >= *y {
11         &x
12     } else {
13         &y
14     }
15 }
```

ソースコードの概要

2行目 と 3行目　変数 x と y を定義し、整数値で初期化

5行目　変数 x と y の参照を引数として、max 関数を呼び出し、結果をポインタ型変数 z に格納

9行目 ~ 15行目　ref_max 関数を定義

2行目と**3行目**で変数 x と y を定義し、整数値で初期化します。**5行目**で変数 x と y の参照を引数として、ref_max 関数を呼び出し、結果でポインタ型変数 z を初期化します。**6行目**で z が参照する値（変数 x か y の大きいほうの値）を表示します。

9行目~**15行目**で ref_max 関数を定義します。i32 型の参照を引数として受け取り、受け取った 2 つの参照先の値を比較します。そして、大きいほうの値の参照を戻り値として返します。

ソースコード 5.25 をコンパイルして実行した結果を**ログ 5.19** に示します。「生存期間を指定せよ」といった類のエラーが検出されるはずです。

ログ 5.19 lifetimefunc_bad.rs のコンパイル

```
1 $ rustc lifetimefunc_bad.rs
2 error[E0106]: missing lifetime specifier
3  --> lifetimefunc_bad.rs:9:33
4   |
5 9 | fn ref_max(x: &i32, y: &i32) -> &i32 {
6   |                                 ^ expected lifetime parameter
7 ～省略～
```

では、なぜコンパイルエラーが出たかを説明します。ref_max 関数の中身を見ると、戻り値は参照 &x と &y のいずれかであることがわかります。引数 x と y が参照する変数の生存期間が異なれば不都合が出てきます。

たとえば、main 関数を次のように定義した場合、明らかに変数 x と y の生存期間が異なります。

```
let x = 10;
let z: &i32;
{
    let y = 20;
    z = ref_max(&x, &y);
}
```

このような場合にコンパイルエラーを検出しないと、ダングリングポインタができてしまう可能性があります。そのため、引数と戻り値の生存期間が同じであることを保証しなければならないのです。

次は、関数側の引数と戻り値の生存期間を明記して、ソースコード 5.25 を修正します。

生存期間の宣言

変数の生存期間は生存期間パラメータを記述することによって設定します。生存期間パラメータの宣言は、'（アポストロフィ）と生存期間名を記述します。英語では、アポストロフィではなく**ティック**（**tick**）と呼ぶようです。生存期間名とは生存期間を示す名前です。変数名や定数名と同様にプログラマ自身が名付けますが、一般的にはアルファベット 1 文字を使用します。たとえば、'a と記述すると「任意の生存期間 a をもつ」ことを意味します。

'a の代わりに 'b としても構いません。ただし、プログラムが終了するまで生きている生存期間に関しては、'static を用います。少し特殊なので別途、本章の第 5.6.4 項で解説します。

関数の宣言時に生存期間を定義する場合は、次のように記述します。

構文 生存期間の宣言

```
fn 関数名<'a>(変数名: &'a 型) -> &'a 型 {
    関数の中身
}
```

関数名の後ろに**生存期間パラメータ**を記述して、大なり小なり記号で囲みます。そして、定義した生存期間パラメータを引数と戻り値に付け加えます。

ソースコード 5.25 の 9行目 から定義した ref_max 関数であれば、次のように生存期間パラメータを記述します。

```
fn max_ref<'a> (x: &'a i32, y: &'a i32) -> &'a i32 {
    関数の中身
}
```

このように生存期間名を記述すると、x、y の 2 つの引数と戻り値の生存期間が同じであることを保証しなければいけないことをコンパイラに伝えることができます。

ソースコード 5.26 に生存期間の指定方法の例を示します。ソースコード 5.25 を正しくコンパイルできるように修正したプログラムになっています。違いは 9行目 の ref_max 関数を宣言する箇所だけです。

ソースコード 5.26 生存期間

ファイル名「~/ohm/ch5-6/lifetimefunc.rs」

```
1  fn main() {
2      let x = 10;
3      let y = 20;
4  
5      let z: &i32 = ref_max(&x, &y);
6      println!("大きいほうの値 = {}", z);
7  }
8  
```

```
9  fn ref_max<'a>(x: &'a i32, y: &'a i32) -> &'a i32 {
10     if *x >= *y {
11         &x
12     } else {
13         &y
14     }
15 }
```

ソースコードの概要

9行目～15行目 生存期間パラメータを設定して、ref_max関数を定義

9行目から始まるref_max関数の宣言時に生存期間パラメータを設定します。戻り値の値は、2つある引数のいずれかであるため、これらの生存期間を同じにする必要があります。そのため、生存期間 'a を定義して、引数と戻り値に設定します。

ソースコード5.26をコンパイルして実行した結果を**ログ5.20**に示します。エラーが出ることなくコンパイルでき、正しく結果が表示されていることが確認できます。

ログ5.20 lifetimefunc.rsプログラムの実行

```
1 $ rustc lifetimefunc.rs
2 $ ./lifetimefunc
3 大きいほうの値 = 20
```

5.6.2 構造体メンバの生存期間

構造体を定義したときに生存期間を明記しなければいけない場合があります。ルールとしては、構造体のメンバに参照を含む場合は生存期間を明記します。構造体オブジェクトをドロップする前に構造体メンバの参照先がドロップされると、ダングリングポインタが発生するからです。生存期間を指定して、問題が発生しないことを保証します。

構造体メンバに生存期間が必要な例

ソースコード5.27に、構造体メンバに生存期間パラメータが必要な例を示します。RefRectangle構造体を宣言し、幅と高さを保持する変数の代わりに参照を用います。このソースコードはエラーが出てコンパイルできません。

ソースコード 5.27 構造体メンバの生存期間の悪い例

ファイル名「~/ohm/ch5-6/lifetimestruct1_bad.rs」 ✕NGなコード

```
1  struct RefRectangle {
2      width: &i32,
3      height: &i32,
4  }
5
6  fn main() {
7      let width: i32 = 10;
8      let height: i32 = 20;
9      let rect = RefRectangle{width: &width, height: &height};
10
11     println!("幅 = {}, 高さ = {}", rect.width, rect.height);
12 }
```

ソースコードの概要

- 1行目 ~ 4行目 i32型の参照をメンバにもつRefRectangle構造体を定義
- 6行目 ~ 12行目 main関数を定義
- 7行目と8行目 変数widthとheightを定義し、整数で初期化
- 9行目 変数rectを宣言し、RefRectangleオブジェクトを生成

1行目~4行目でi32型の参照をメンバにもつRefRectangle構造体を定義します。main関数は6行目~12行目で定義します。7行目と8行目で変数widthとheightを定義し、それぞれ整数の10と20で初期化します。

9行目で変数rectを宣言し、RefRectangleオブジェクトを生成します。このときにwidthとheightの参照を構造体メンバの初期値として渡します。

11行目で、生成したRefRectangleオブジェクトの幅と高さを表示します。

ソースコード5.27をコンパイルして実行した結果を**ログ5.21**に示します。「構造体のメンバに生存期間パラメータを設定せよ」といったエラーが出力されます。

ログ 5.21 lifetimestruct1_bad.rsのコンパイル

```
1  $ rustc lifetimestruct1_bad.rs
2  ～省略～
3  2 |     width: &i32,
4    |            ^ expected lifetime parameter
5  ～省略～
6  3 |     height: &i32,
```

```
7  |              ^ expected lifetime parameter
8  ～省略～
```

エラーが出る理由は、本節の第5.6.1項と同じです。生成したRefRctangleオブジェクトがドロップされる前に、ソースコード5.27の7行目と8行目で宣言した2つの変数のスコープが外れてダングリングポインタができるからです。そのため、生存期間を指定しなければならないのです。

もしmain関数が次のようなコードだったらどうでしょうか？　生存期間パラメータがなければ、構造体のメンバがダングリングポインタになってしまいます。

```
let rect: RefRectangle;
{
    let width: i32 = 10;
    let height: i32 = 20;
    rect = RefRectangle{width: &width, height: &height};
}
```

構造体メンバの生存期間パラメータ

構造体メンバの生存期間パラメータの設定は、関数に設定する場合とほとんど同じです。構造体の場合は、構造体名の後ろに生存期間パラメータを宣言します。そして、生存期間が必要なメンバにパラメータを設定します。

ソースコード5.27のRefRectangle構造体であれば、次のように生存期間パラメータを設定します。

```
struct RefRectangle<'a> {
    width: &'a i32,
    height: &'a i32,
}
```

ソースコード5.28に例を示します。ソースコード5.27を正しくコンパイルできるように修正したプログラムになっています。違いは1行目～4行目の構造体を定義する箇所だけです。

ソースコード5.28 構造体メンバの生存期間 その1

ファイル名「**~/ohm/ch5-6/lifetimestruct1.rs**」

```
1  struct RefRectangle<'a> {
```

```
2     width: &'a i32,
3     height: &'a i32,
4 }
5
6 fn main() {
7     let width: i32 = 10;
8     let height: i32 = 20;
9     let rect = RefRectangle{width: &width, height: &height};
10
11     println!("幅 = {}, 高さ = {}", rect.width, rect.height);
12 }
```

ソースコードの概要

1行目～4行目 生存期間パラメータを設定して、i32型参照をメンバにもつRefRectangle構造体を定義

1行目～**4行目**で定義するRefRectangle構造体の宣言時に生存期間パラメータを設定します。構造体オブジェクトの生存期間とメンバの生存期間を同じにする必要があるため、生存期間'aを定義して設定します。

ソースコード5.28をコンパイルして実行した結果を**ログ5.22**に示します。エラーが出ることなく、プログラムが実行できることが確認できます。

ログ5.22 lifetimestruct1.rs プログラムの実行

```
1 $ rustc lifetimestruct1.rs
2 $ ./lifetimestruct1
3 幅 = 10, 高さ = 20
```

5.6.3 構造体メソッドにおける生存期間パラメータ

構造体の宣言で生存期間パラメータを設定したときに、構造体メソッドでも生存期間パラメータを設定しなければならない場合があります。構造体メソッド内では、オブジェクト自身（&self）や参照型のメンバにアクセスする場合があるからです。

前項のソースコード5.28に、RefRectangleの幅と高さのうち長いほうの辺を調べるメソッドを実装することを考えます。次のコードを追加することとなります。

```
impl<'a> RefRectangle<'a> {
    fn get_longer_edge(&self) => &'a i32 {
```

```
        if self.width >= self.height {
            self.width
        } else {
            self.height
        }
    }
}
```

implキーワードの後ろと構造体名に同じ名前の生存期間パラメータが設定されていることに注目してください。パラメータを宣言すれば、implブロック内で定義するメソッドに生存期間 'a を設定することができます。

get_longer_edge関数の戻り値に生存期間 'a を設定します。このメソッドは構造体メンバである width か height のいずれかを返すため、生存期間パラメータを設定しないとコンパイルエラーが検出されます。

ソースコード 5.29 に構造体メソッドへ生存期間パラメータを設定するプログラム例を示します。**6行目**〜**14行目**の構造体メソッドの実装以外は、ソースコード 5.28と同じです。

ソースコード 5.29 構造体メンバの生存期間 その2

ファイル名「**~/ohm/ch5-6/lifetimestruct2.rs**」

```
 1  struct RefRectangle<'a> {
 2      width: &'a i32,
 3      height: &'a i32,
 4  }
 5
 6  impl<'a> RefRectangle<'a> {
 7      fn get_longer_edge(&self) -> &'a i32 {
 8          if self.width >= self.height {
 9              self.width
10          } else {
11              self.height
12          }
13      }
14  }
15
16  fn main() {
17      let width: i32 = 10;
18      let height: i32 = 20;
19      let rect = RefRectangle{width: &width, height: &height};
```

```
20
21      println!("幅 = {}, 高さ = {}", rect.width, rect.height);
22      println!("長いほうの辺 = {}", rect.get_longer_edge());
23  }
```

ソースコードの概要

6行目 生存期間 'a を宣言

7行目 ～ 13行目 get_longer_edge メソッドを実装

6行目～**14行目**の構造体メソッドの宣言時に生存期間パラメータを設定します。**7行目**～**13行目**で get_longer_edge メソッドを実装し、戻り値に生存期間 'a を設定します。これによって、戻り値である width と height の参照先が構造体オブジェクトより先にドロップしてはいけないことをコンパイラに知らせます。

ソースコード 5.29 をコンパイルして実行した結果を**ログ 5.23** に示します。エラーが出ることなくコンパイルでき、プログラムが正しく実行できることが確認できます。

ログ 5.23 lifetimestruct2.rs プログラムの実行

```
1 $ rustc lifetimestruct2.rs
2 $ ./lifetimestruct2
3 幅 = 10, 高さ = 20
4 長いほうの辺 = 20
```

5.6.4 static な生存期間

ポインタ型の静的変数を扱うときにも生存期間に気をつけなければなりません。静的変数はグローバルな変数であるため、メモリ内の静的領域に格納され、生存期間はプログラムが実行されている期間と同じです。つまり、静的変数は常に生きている状態です。

static な生存期間パラメータを設定する場合は、メソッドや構造体の宣言時に `'static` と記述します。static は特別なキーワードなのです。

ポインタ型の静的変数

生存期間 'static が必要であるプログラムの例を解説します。

ソースコード 5.30 にポインタ型の静的変数を使用する例を示します。set_ref 関数が参照を借用し、静的変数にその参照を代入するプログラムです。生存期間を設定していないので、コンパイルエラーが出ます。なぜコンパイルエラーが出るのか、考えてみてください。

ソースコード 5.30 ポインタ型の静的変数

ファイル名「~/ohm/ch5-6/lifetimestatic_bad.rs」 NGなコード

```
static mut GPTR: &i32 = &0;

fn main() {
    let val = 10;
    set_ref(&val);

    unsafe {
        println!("*GPTR = {}", GPTR);
    }
}

fn set_ref(ptr: &i32) {
    unsafe {
        GPTR = ptr;
    }
}
```

ソースコードの概要

- 1行目 i32型を参照する静的変数GPTRを宣言、0で初期化
- 3行目 ~ 10行目 main関数を定義
- 4行目 変数valを宣言し、整数の10で初期化
- 5行目 set_ref関数を呼び出し、参照を借用
- 8行目 GPTRが参照する値を表示
- 12行目 ~ 16行目 set_ref関数を定義
- 14行目 静的変数GPTRに引数のptrを代入

1行目でi32型を参照する静的変数GPTRを宣言し、0で初期化します。静的変数なので&0で初期化していますが、値は気にしなくても構いません。

3行目~10行目でmain関数を定義します。4行目で変数valを宣言し、整数の10で初期化します。このときにvalの参照を渡します。8行目で、GPTRが参照する値を表示します。

12行目~16行目でset_ref関数を定義します。引数としてi32型の参照を受け取ります。受け取ったptrを14行目でGPTRに代入します。

静的変数にアクセスする箇所を unsafe ブロックで囲んでいます。静的変数が可変なので、第 3.6 節で説明したとおり、unsafe ブロックで囲まなければエラーが出ます。

ソースコード 5.30 をコンパイルして実行した結果を**ログ 5.24** に示します。このようにコンパイルエラーが出るはずです。

ログ 5.24 lifetimestatic_bad.rs のコンパイル

```
1 $ rustc lifetimestatic_bad.rs
2 ～省略～
3 12 | fn set_ref(ptr: &i32) {
4    |             --- consider changing the type of `ptr` to
  `&'static i32`
5 13 |     unsafe {
6 14 |         GPTR = ptr;
7    |                ^^^ lifetime `'static` required
8 ～省略～
```

コンパルエラーが検出される理由は明白です。GPTR はプログラム実行中、常に生存しているのに対して、ptr が参照している変数 val のスコープは main 関数内です。代入先の GPTR の生存期間が 'static なので、ログ 5.24 の **4 行目** で指摘されているように、引数の生存期間も 'static でなければいけません（表記は環境によって異なる場合があります）。

static な生存期間パラメータ

それでは生存期間 'static を設定して、ソースコード 5.30 を修正します。また、main 関数内の変数 val も静的変数である必要があります。静的変数がポインタ型であれば、参照先の変数も静的変数でなければ整合性がとれないからです。

ソースコード 5.31 に static な生存期間パラメータを設定したプログラムを示します。ソースコード 5.30 との違いは 2 か所あります。1 つ目は、変数 val を **2 行目** に移動させてグローバルな変数にしたことです。もう 1 つは、**12 行目** の set_ref 関数に生存期間パラメータを設定したことです。

ソースコード 5.31 static な生存期間パラメータ

ファイル名「**~/ohm/ch5-6/lifetimestatic.rs**」

```
1 static mut GPTR: &i32 = &0;
2 static GVAL: i32 = 10;
3
```

```
4  fn main() {
5      set_ref(&GVAL);
6
7      unsafe {
8          println!("*GPTR= {}", GPTR);
9      }
10 }
11
12 fn set_ref(ptr: &'static i32) {
13     unsafe {
14         GPTR = ptr;
15     }
16 }
```

ソースコードの概要

- 2行目　静的変数 GVAL を定義して、整数で初期化
- 12行目　生存期間 'static を設定して関数を定義

2行目で静的変数 GVAL を定義して、整数の 10 で初期化します。5行目で、set_ref 関数を呼び出し、引数に GVAL の参照を渡します。8行目で GPTR が参照する値を表示します。

set_ref 関数は、12行目～16行目で定義します。引数に生存期間パラメータとして 'static を指定します。生存期間 'static は特別なキーワードであるため、関数名の後ろに生存期間パラメータを宣言する必要はありません。

ソースコード 5.31 をコンパイルして実行した結果を**ログ 5.25** に示します。エラーが出ることなくコンパイルでき、プログラムが実行できることが確認できます。

ログ 5.25 lifetimestatic.rs プログラムの実行

```
1 $ rustc lifetimestatic.rs
2 $ ./lifetimestatic
3 *GPTR = 10
```

Chapter

6

もっと Rust を学ぶ

前章までに基本的な Rust プログラミングの文法と Rust の特徴である所有権システムを学習しました。本章では、プログラミング初学者でも知っておくべき内容を解説します。

6.1 キャスト

キャストとは、変数の型を変換することです。整数を実数として扱いたい場合や文字列を整数として扱いたい場合に明示的なキャストが必要となります。

また、ある数値を異なるビット数の数値にキャストすることもできます。たとえば、i32 型の変数の値を i128 型にキャストする場合などがあり、これをアップキャストと呼びます。i32 型で表現できる数値の範囲は、i128 型で表現できる数値の範囲に含まれていますので、キャストによって情報量が減ることはありません。そのため、アップキャストは基本的に安全です。

一方、多いビット数の変数を少ないビット数の変数にキャストすることをダウンキャストと呼びます。たとえば i128 型の整数を i32 型にキャストする場合です。ただし、ダウンキャストを適用させるときは、注意しなければいけません。もし i128 型の変数の値が $2^{31}-1$ よりも大きい場合、または -2^{31} よりも小さい場合には、ダウンキャストによって情報が欠落するからです。

キャストには多くの種類があります。すべてを網羅することは難しいので、本節では基本的なキャスト方法だけを解説します。

6.1.1 キャストの例

まず、簡単な例として数値のキャストを解説します。半径を整数の値として与えて円周を計算するプログラムを考えてください。半径を r、円周率を π と定義すると、円周は $2\pi r$ という公式で計算できます。

円周率は 3.14 なので実数ですが、半径 r は整数の値です。ソースコード内で実数と整数のオペランドを含む式を計算することはできません。そこで、i32 型の整数値を f64 型にキャストする必要があります。型のキャストには複数の方法がありますが、ここでは **as キーワード**を利用して安全にキャストします。書式は、**変数名（または値）**`as` **型名**となります。たとえば、i32 型の値である 2 を f64 型にキャストするには、`2 as f64` と記述します。

ソースコード 6.1 にキャストの例を示します。円の半径を i32 型の整数値として設定して、円周を計算するプログラムです。

ソースコード 6.1 数値のキャスト

ファイル名「**~/ohm/ch6-1/cast.rs**」

```
1  fn main() {
2      const PI: f64 = 3.14;
3      let radius: i32 = 10;
4
5      let cir = 2 as f64 * PI * radius as f64;
6      println!("円周 = {}", cir);
7  }
```

ソースコードの概要

- **2行目** 定数 PI を f64 型として宣言
- **3行目** 変数 radius を i32 型として宣言
- **5行目** i32 型の変数を f64 型にキャストして演算

2行目で、円周率を f64 型の定数 PI として定義します。**3行目**で、i32 型の変数として半径radiusを定義します。**5行目**で円周の公式を計算し、変数cirに代入します。右辺のオペランドに f64 型と i32 型が含まれています。ここで、明示的にキャストを行う必要があります。そのため、`2 as f64` と `radius as f64` と記述して、キャストを行っています。変数 cir の型は、コンパイラが自動的に f64 と推測して決定されます。

ソースコード 6.1 をコンパイルして実行した結果を**ログ 6.1** に示します。**3行目**に計算結果が表示されているのが確認できます。丸め誤差がありますが、気にしなくても構いません。ただし、Rust に限らず数値に厳しい計算の場合には注意してください。

ログ 6.1 cast.rs プログラムの実行

```
1  $ rustc cast.rs
2  $ ./cast
3  円周 = 62.800000000000004
```

ソースコード 6.1 の**5行目**で、整数の 2 と変数 radius から as キーワードを外し、`let cir = 2 * PI * radius;` と記述したらどうなるでしょうか？　エラーが検出されてコンパイルができなくなります。

該当箇所をそのように修正したソースコードのファイルを cast_bad.rs という名前で保存し、コンパイルを試みた結果を**ログ 6.2** に示します。「整数と浮動小数点数（f64

型）の掛け算はできない」といったエラーが出て、コンパイルができなくなっていることがわかります。

ログ 6.2 キャストしない場合のコンパイル

```
$ rustc cast_bad.rs
error[E0277]: cannot multiply `f64` to `{integer}`
 --> cast_bad.rs:5:17
  |
5 |     let cir = 2 * PI * radius;
  |               ^ no implementation for `{integer} * f64`
  |
  = help: the trait `std::ops::Mul<f64>` is not implemented for
`{integer}`
～省略～
```

6.1.2 数値から文字列へキャスト

プログラム内部では、数値と文字は定義が異なります。数値とは、i32 型や f64 型の値です。一方、char 型は文字で、String 型や str 型は文字列です。たとえば、i32 型の 10 という整数を文字列として扱う場合は、キャストをする必要があります。キャスト先の型によってキャスト方法が変わります。

数値から String 型へのキャスト

数値のキャストは、型がもつメソッドを使用します。i32 型であれば to_string と呼ばれる String 型にキャストするためのメソッドが用意されています。書式は、変数名 `.to_string()` となります。また、`10.to_string()` と記述して、整数の 10 という値を直接 String 型へキャストすることもできます。

数値から str 型へのキャスト

i32 型では、str 型へキャストするメソッドも用意されています。メソッド名は String 型へのキャストと同じ to_string ですが、書式が少し異なります。i32 型の変数を str 型へキャストする場合、変数名に &(アンパーサンド) を付けて、& 変数名 `.to_string()` と記述します。

数値から char 型へのキャスト

数値を char 型へ変換する場合は、少し気をつける必要があります。char 型は文字ですから、数値をキャストする場合は 1 桁の値でなければなりません。

たとえば、10 という整数は 2 桁の数字なので文字数が 2 文字になり、char 型にはキャストできません。ただし、16 進数として 10 をキャストする場合は 0xa となるので、a という文字にキャストすることができます。

また、負の値もキャストできません。たとえば -5 をキャストすると、マイナスの記号と 5 という数値からなる文字列になるからです。

キャストを行うメソッドは char 型で定義されています。`std::char::from_digit(変数名, 基数)` というメソッドで 1 桁の値 (digit) を char 型にキャストできます。ソースコードの冒頭に `use std::char;` と記述してモジュールを読み込んでおくと、from_digit メソッドの呼び出し時に std:: が省けるため、`char::from_digit(変数名, 基数);` と記述を省略できます。ソースコード内で使用しているモジュールや構造体を明確にするためにも、冒頭で（use で）モジュールをインポートしたほうがよいです。

入力する値は必ず符号なし 32 ビットの整数である u32 型です。負の整数はキャストできないことは先ほど説明しました。では、なぜ 32 ビット限定なのでしょうか？基数は 10 進数または 2 進数、8 進数、16 進数なので、入力値は 0 から 15 の数値のいずれかとなります。そのため、ビット数で細かく分類する必要はありません。また、変数名の代わりに 0 から 15 の数値を入れても構いません。

戻り値は Option 型で、None または何らかの char 型の値（Some 型）になります。文字から 1 桁の数値へキャストするためのメソッドなので、入力値が不正だと戻り値が None になります。入力値が正しい場合は、戻り値である Option 型のオブジェクトは char 型の値をもちます。その値は unwrap メソッドを適用して取り出すことができます。たとえば、5 という整数値を 10 進数として char 型にキャストする場合は、`std::char::from_digit(5, 10).unwrap()` と記述します。

数値から文字列へのキャストの例

ソースコード 6.2 に数値を文字または文字列にキャストするプログラムの例を示します。

ソースコード 6.2 数値から文字列へキャスト

ファイル名「**~/ohm/ch6-1/numtostr.rs**」

```
1  use std::char;
2
3  fn main() {
4      // i32をStringへキャスト
```

```
5        let x: i32 = 25;
6        let x_string: String = x.to_string();
7        println!("x_string = {}", x_string);
8
9        // i32をstrへキャスト
10       let x_str: &str = &x.to_string();
11       println!("x_str = {}", x_str);
12
13       // u32をcharへキャスト
14       let y:u32 = 5; // char型に変換するのでyの値は1桁の数値
15       let y_char: char = char::from_digit(y, 10).unwrap();
16       println!("y_char = {}", y_char);
17   }
```

ソースコードの概要

6行目 i32型の値をString型にキャスト

10行目 i32型の値をstr型にキャスト

15行目 u32型の値をchar型にキャスト

5行目でi32型の変数xを宣言し、整数の25で初期化します。**6行目**でString型の変数x_stringを宣言し、変数xをString型にキャストした値で初期化します。キャストは`x.to_string()`と記述します。**7行目**で、x_stringの値を表示します。

10行目では、i32型の変数xをstr型にキャストします。変数の前に&を付けて、`&x.to_string()`を実行して、str型のx_strを初期化します。**11行目**で、x_strの値を表示します。

14行目でu32型の変数yを宣言し、整数の5で初期化します。**15行目**で、char型変数y_charを宣言します。変数yを10進数としてchar型にキャストするため、`std::char::from_digit(y,10).unwrap()`を実行します。**16行目**で、y_charの値を表示します。

ソースコード6.2をコンパイルして実行した結果を**ログ6.3**に示します。エラーが出ることなくコンパイルでき、数値をString型やstr型、char型にキャストできていることが確認できます。

ログ 6.3 numtostr.rs プログラムの実行

```
1 $ rustc numtostr.rs
2 $ ./numtostr
3 x_string = 25
4 x_str = 25
5 y_char = 5
```

6.1.3 文字列から数値へキャスト

本項では、文字列から数値へのキャストについて説明します。文字列を数値として扱うことはよくあります。たとえば、テキストファイルに記録された数値データを読み込み、プログラム内で統計処理するプログラムを考えてください。ファイルから読み込まれたデータは、数字であってもその時点では文字列です。プログラム内で統計処理をする場合は、これらのデータを数値に変換する必要があります。

一般的に、文字列が数値に相当する文字列かどうかを分析する行為を**パース**(**parse**)と呼びます。パースを日本語に訳すと、分析や解析といった意味です。たとえば、“10”という文字列であれば、10という整数値にキャストすることができます。しかし、“hello”という文字列は数値に変換できません。文字列をパースし、数値に変換できる文字列に限り、キャストすることができるのです。

str型では、**parse メソッド**が定義されています。書式は、**変数名** `.parse().unwrap()` となります。parseメソッドの戻り値はエラーまたは数値となるため、結果を **unwrap** する必要があります。

ソースコード 6.3 に文字列から数値へキャストするプログラムを示します。

ソースコード 6.3 文字列から数値へキャスト

ファイル名「**~/ohm/ch6-1/strtonum.rs**」

```
1  fn main() {
2      let str1 = "100";
3      let str2 = "3.14";
4  
5      // 数値にパース
6      let num1: i32 = str1.parse().unwrap();
7      let num2: f64 = str2.parse().unwrap();
8  
9      // 表示
10     println!("num1 = {}", num1);
11     println!("num2 = {}", num2);
12 }
```

ソースコードの概要

6行目 文字列を i32 型の整数にキャスト
7行目 文字列を f64 型の実数にキャスト

2行目で str 型の変数 str1 を宣言し、"100" という文字列で初期化します。**3行目**でも同様に str 型の変数 str2 を宣言し、"3.14" という文字列で初期化します。**6行目**では、i32 型の変数 num1 を宣言し、変数 str1 の値をパースした値を初期値として設定します。**7行目**でも f64 型の変数 num2 を宣言し、こちらは変数 str2 の値をパースした値を初期値として代入します。str2 は "3.14" という文字列ですが、.（ピリオド）が小数点として解釈され、3.14 という数値にキャストされます。**10行目**と**11行目**で、キャストした i32 型と f64 型の値をそれぞれ出力します。

ソースコード 6.3 をコンパイルして実行した結果を**ログ 6.4** に示します。文字列が正しくキャストされ、i32 型と f64 型の数値が表示されていることが確認できます。

ログ 6.4 strtonum.rs プログラムの実行

```
1 $ rustc strtonum.rs
2 $ ./strtonum
3 num1 = 100
4 num2 = 3.14
```

6.2 標準入出力

標準入出力（standard input/output）は、プログラミングにおいて重要な概念です。これまでの説明では、プログラム内の変数・定数の値や文字列を println! マクロを用いてターミナル（またはコマンドライン）に表示していました。すなわち、println! マクロの出力先はターミナルなのです。このデフォルトの出力先を**標準出力**（standard output）と呼びます。標準出力に対し、**標準入力**（standard input）とは、ターミナルから文字列を入力することを指します。

標準入出力を視覚化すると**図 6.1** のようになります。プログラムからの出力は、println! マクロなどを介してターミナルに出力されます。プログラムへの入力は、ターミナルを介してキーボードから文字列を入力し、プログラムにデータを渡すことになります。

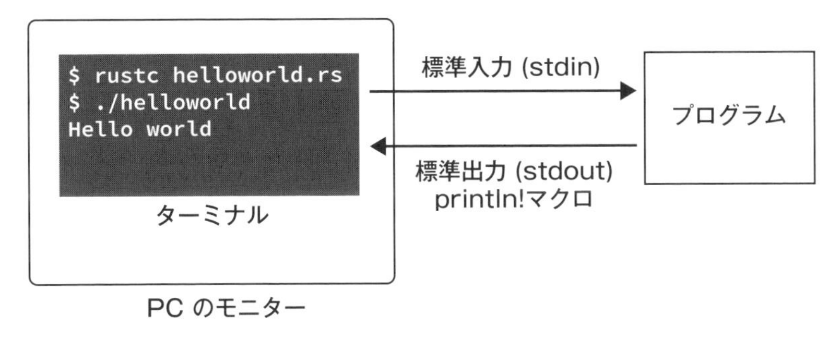

図 6.1　標準入出力の概念

本節では、主にターミナルからプログラムへの文字列の入力に関して解説します。

6.2.1 標準入力の基本

標準入力の基本は、文字列型の可変変数を宣言し、ターミナルから入力した文字列を文字列型の変数に設定します。少しややこしくなりますが、標準入力は std::io::stdin 関数を用います。なお、io は入出力を意味する input and output の略、stdin は標準入力を意味する standard input の略です。

戻り値は Stdin という名前の構造体です。この Stdin 構造体ではいくつかのメソッドが定義されているので、それらを用いて標準入力を処理します。標準入力からの文字列の読み込みは、read_line メソッドを用います。これは名前のとおり、1 行分の文字列を読み込むためのメソッドです。戻り値は、Result 型のオブジェクトです。読み込み処理をしたときに、正しく読み込めたか、エラーが検出されたかを返すと考えてください。

読み込んだ文字列の保存先の変数を read_line メソッドの引数に指定します。ターミナルから入力した 1 行分の文字列を読み込んで、変数名が s の String 型の可変変数に保存する場合、`std::io::stdin().read_line(&mut s).ok()` と記述します。引数となる変数 s は、可変参照の借用となります。

ここで登場する ok メソッドは、Result 型で実装されている Result 型の値を Option 型の値に変換するメソッドです。戻り値を unwrap すると読み込んだバイト数を取り出せますが、ここでは戻り値を使用しないので気にしなくても構いません。

ソースコード 6.4 に標準入力の例を示します。ターミナルから入力した文字列をそのまま出力するプログラムです。

ソースコード 6.4 標準入力の基本

ファイル名「**~/ohm/ch6-2/stdio1.rs**」

```
use std::io;

fn main() {
    // プロンプト表示
    println!("文字列を入力してください> ");

    // 文字列の入力
    let mut s = String::new();
    io::stdin().read_line(&mut s).ok();

    // 入力した文字列を表示
    println!("入力した文字列 = {}", s);
}
```

ソースコードの概要

- **5行目** プロンプトを表示し、入力を促す
- **8行目** 可変変数 s を宣言し、空の文字列で初期化
- **9行目** 標準入力から 1 行分の文字列を読み込み、可変変数 s に保存
- **12行目** 入力した文字列を表示

5行目で「**文字列を入力してください>**」という文字列を表示し、入力を促します。このようなメッセージをプロンプトと呼びます。一般的には小なり記号（>）を表示させます。

8行目で String 型の可変変数 s を宣言し、空の文字列で初期化します。可変変数にしなければ、入力した文字列を代入できないので注意してください。**9行目**でターミナルから入力した文字列を読み込みます。1 行分読み込むため、最初の文字を入力してから Enter キーを押すまでの文字列が入力できます。

12行目で可変変数 s の値（入力した文字列）をターミナルに表示させます。

ソースコード 6.4 をコンパイルして実行した結果を**ログ 6.5** に示します。ターミナルから入力した文字列と同じ文字列が表示されていることが確認できます。

ログ 6.5 stdio1.rs プログラムの実行

```
$ rustc stdio1.rs
$ ./stdio1
文字列を入力してください>
```

```
4 Hello world.
5 入力した文字列 = Hello world.
```

6.2.2 入力した文字列の解析

本項では、少し複雑な標準入出力のプログラムを作成します。具体的には、学生の氏名と国語・数学・英語の３科目の点数を入力して、合計点を表示するプログラムです。ターミナルからの入力は、次のフォーマットを想定します。

```
Alice 95 80 90
```

これらは文字列として入力されますが、氏名と各科目の点数の間にあるスペースを検出し、それぞれの要素を変数に格納します。このとき、`95 80 90`を数値にキャストする必要があります。

ソースコード 6.5 に上記の処理をするプログラム例を示します。

ソースコード 6.5 入力した文字列の解析

ファイル名「**~/ohm/ch6-2/stdio2.rs**」

```rust
use std::io;

fn main() {
    println!("1:氏名、2:国語、3:数学、4:英語、の点数を入力してください>
");

    // 標準入力から文字列の読み込み
    let mut line = String::new();
    io::stdin().read_line(&mut line).ok();

    // 空白で分割
    let strs: Vec<&str> = line.split_whitespace().collect();
    let name = strs[0];
    let verbal: i32 = strs[1].parse().unwrap();
    let math: i32 = strs[2].parse().unwrap();
    let english: i32 = strs[3].parse().unwrap();
    let sum: i32 = verbal + math + english;

    // 表示
    println!("{}の合計点 = {}", name, sum);
}
```

ソースコードの概要

- **4行目** プロンプトを表示し、入力を促す
- **7行目** 可変変数 line を宣言し、空の文字列で初期化
- **8行目** 標準入力から文字列を読み込み
- **11行目** 読み込んだ文字列を**空白**(**whitespace**) で区切り、str 型の値を要素にもつベクタ変数 strs に格納
- **12行目** 変数 name を宣言し、入力した 1 つ目の文字列で初期化
- **13行目** 変数 verbal を宣言し、入力した 2 つ目の文字列をキャストした値で初期化
- **14行目** 変数 math を宣言し、入力した 3 つ目の文字列をキャストした値で初期化
- **15行目** 変数 english を宣言し、入力した 4 つ目の文字列をキャストした値で初期化
- **16行目** 変数 sum を宣言し、各科目の合計点で初期化

4行目でプロンプトを表示させて、文字列の入力を促します。**7行目**で文字列を格納するための String 型の可変変数 line を宣言し、空の文字列で初期化します。**8行目**で標準入力から文字列を 1 行分読み込んで、可変変数 line に代入します。

入力した文字列は、名前（任意の文字列）と 3 つの数値で、それぞれ空白 (whitespace) で区切られています。この区切りとなる文字を一般的に**トークン** (**token**) と呼びます。ここでは空白を要素の区切りとして使用しますが、カンマ（,）などを用いても構いません。空白の場合は、空白をトークンとして要素を取り出すメソッドが用意されます。

11行目では、入力した文字列を空白で区切って、各要素をベクタ型の変数 strs に格納します。String 構造体で定義されている **split_whitespace メソッド**を用います。戻り値は std::str 内で定義してある SplitWhitespace 構造体となります。SplitWhitespace 構造体はどういう構造であるかは気にせずに、split_whitespace メソッドの戻り値に **collect メソッド**を適用すれば、String 型を要素にもつベクタオブジェクトが取得できると考えてください。入力した文字列が「Alice 95 80 90」であれば、Alice が strs[0] に格納され、95 と 80 と 90 はそれぞれ strs[1]、strs[2]、strs[3] に格納されます。

13行目で i32 型の変数 verbal を宣言し、strs[1] の文字列を i32 型にキャストした値で初期化します。**14行目**と**15行目**でも同様に、i32 型の変数 math と english を宣言し、それぞれ strs[2] と strs[3] の文字列を i32 型にキャストした値で初期化し

ます。16行目で i32 型の変数 sum を宣言し、verbal と math と english の 3 つの値の総和で初期化します。

19行目で、氏名と 3 科目の合計点を表示させます。整数の和を計算するには、ターミナルから入力した文字列を数値にキャストしなければなりません。正しく文字列を処理していれば、合計点が表示されるはずです。

ソースコード 6.5 をコンパイルして実行した結果を**ログ 6.6** に示します。入力した文字列が正しく処理されていることが確認できます。

ログ 6.6 stdio2.rs プログラムの実行

```
1 $ rustc stdio2.rs
2 $ ./stdio2
3 1:氏名、2:国語、3:数学、4:英語、の点数を入力してください>
4 Alice 95 80 90
5 Aliceの合計点 = 265
```

なお、入力値の確認は行っていませんので、文字列の数を間違えたり、数値以外を入力したりすると、プログラム実行時にエラーが検出されます。

6.2.3 環境変数

これまでの例題では、プログラムを実行するときにターミナルから **./ プログラム名**と入力していました。このときに何らかの文字列を渡すことも可能です。実は、プログラム実行時に入力した文字列は、main 関数の引数となります。つまり、関数やメソッドが引数を受け付けるように、main 関数もプログラムの実行時にターミナルから引数を受け付けることができるのです。main 関数へ渡す引数をコマンドライン引数と呼びます。

ただし、main 関数の引数は実行時にターミナルから与えるので、環境変数という概念を理解する必要があります。一般的に環境変数とはオペレーティングシステムをカスタマイズするための変数を指します。

環境変数に関する情報は、**std::env モジュール**で定義されています。なお、env は environment（環境）の略です。std::env を使用して、プログラム内からオペレーティングシステムの情報（OS 名やバージョン）などを取得することもできます。本項では、使用頻度が高いと思われるコマンドラインからの引数の取得に関して説明します。

コマンドライン引数の取得

std::env モジュールには、**args 関数**が定義されており、main 関数は通常の関数と同様に引数をとることができます。

ターミナルから入力したmain関数の引数を取得する場合は、std::envモジュールを読み込み、`env::args().collect();`と記述します。戻り値はString型を要素にもつベクタオブジェクトです。実際には、args関数の戻り値はArgs構造体です。collectメソッドを適用してベクタオブジェクトを取得できると考えてください。

ソースコード6.6にmain関数の引数を取得する例を示します。ターミナルから入力した引数の値をそのままprintln!マクロで出力するプログラムです。

ソースコード6.6 コマンドライン引数の取得

ファイル名「**~/ohm/ch6-2/mainarg1.rs**」

```
1  use std::env;
2
3  fn main() {
4      let args: Vec<String> = env::args().collect();
5      println!("{:?}", args);
6  }
```

ソースコードの概要

4行目 ベクタ型変数argsを宣言し、環境変数から取得した引数で初期化

5行目 println!マクロで引数の値を表示

4行目でプログラム実行時にターミナルから入力した文字列を取得します。collectメソッドでString型を要素にもつベクタ型のオブジェクトを取得できるので、変数argsを宣言して初期化します。**5行目**では、文字列の値をprintln!マクロで表示します。

ソースコード6.6をコンパイルして実行した結果を**ログ6.7**に示します。「Hello」と「world.」という2つの文字列を引数としてmain関数に与えることができます。第1引数として、実行ファイル名であるmainarg1が表示されていることが確認できます。これはUnix文化と呼ばれる古きよきコマンドラインの伝統なので、具体的な理由の解説は割愛します。

ログ6.7 mainarg1.rsプログラムの実行 その1

```
1  $ rustc mainarg1.rs
2  $ ./mainarg1 Hello world.
3  ["./mainarg1", "Hello", "world."]
```

空白を含む文字列の引き渡し方法

引数である各文字列は、空白で区切られます。ここで空白を含む文字を1つの文字列として扱いたい場合は、文字列の単位をダブルクォート（"）でくくります。たとえば、「Hello.」という文字列と「My name is Alice.」という複数の空白を含む文字列をmain関数の引数にしたいとします。この場合、次の要領でmainarg1プログラムを起動します。

```
./mainarg1 Hello. "My name is Alice."
```

第1引数が./mainarg1、第2引数がHello.、第3引数がMy name is Alice.となります。ダブルクォートでくくらない場合は、空白で文字列が分割されて、6つの引数が与えられたと解釈されます。

それでは引数の値を変化させてmainarg1プログラムを実行してみましょう。実行結果を**ログ6.8**に示します。ダブルクォートで文字列をくくる場合とそうでない場合で、ベクタオブジェクトの内容が変化していることが確認できます。

ログ6.8 mainarg1.rsプログラムの実行 その2

```
1 $ ./mainarg1 Hello. My name is Alice.
2 ["./mainarg1", "Hello.", "My", "name", "is", "Alice."]
3 $ ./mainarg1 Hello. "My name is Alice."
4 ["./mainarg1", "Hello.", "My name is Alice."]
```

エスケープシーケンス

空白を含む文字列を引き渡すときは、ダブルクォートで文字列の区切りを制御していました。そのため、ダブルクォートを文字として入力したいときに、ダブルクォートをそのまま入力すると制御文字として解釈されてしまいます。そこで、**エスケープシーケンス**として\（**バックスラッシュ**）を使用します。

具体的には、「\"」と記述すると、ダブルクォートを文字として入力できます。Aliceという文字列をダブルクォートでくくりたい場合は、\"Alice\"と記述します。

\は、ほかの制御文字にも使用できます。**空白**を入力したい場合は、「\ 」と半角スペースを入力します。すなわち、"My name is Alice."とする代わりにMy\ name\ is\ Alice.と入力しても、空白を含む1つの文字列として解釈されます。

なお、Windowsの場合はバックスラッシュの代わりに円マーク（¥）を使用します。

引数の値を変化させて、mainarg1プログラムを再度実行してみましょう。実行結果を**ログ6.9**に示します。空白を含む文字列が1つの文字列として解釈され、さらに文字列にダブルクォートが含まれていることが確認できます。

ログ 6.9 mainarg1.rs プログラムの実行 その 3

```
1 $ ./mainarg1 My\ name\ is\ \"Alice\".
2 ["./mainarg1", "My name is \"Alice\"."]
```

配列の中身に \ と " が表示されていますが、これはデバッグオプション（{:?}）でベクタの中身を表示しているからです。ソースコードを修正して、args[1] に格納されている文字列をオプションなしで表示すると、`My name is "Alice".` という文字列が表示されます。なお、Windows のコマンドプロンプトでは、「¥ 」（円マークとスペース）による空白を入力できません。

コマンドライン引数の解析

もう少し手の込んだプログラムを記述してみます。ターミナルから演算子と 2 つの整数の値をオペランドとして与え、演算結果を表示させるプログラムを考えてみます。

演算子は add、sub、mult、div の 4 種類とします。オペランドは整数値を与えます。ターミナルからの入力値自体は文字列なので、適時数値にキャストする必要があります。

たとえば、`add 10 20` と入力すると `10 + 20 = 30` を表示させ、`div 10 5` と入力すると `10 / 5 = 2` と表示させる処理をします。

ソースコード 6.7 に上記の処理をする簡単な演算プログラムを示します。

ソースコード 6.7 コマンドライン引数の解析

ファイル名「**~/ohm/ch6-2/mainarg2.rs**」

```
1  use std::env;
2  
3  fn main() {
4      let args: Vec<String> = env::args().collect();
5  
6      let op: &str = args[1].as_str();
7      let x: i32 = args[2].parse().unwrap();
8      let y: i32 = args[3].parse().unwrap();
9  
10     if op == "add" {
11         println!("{} + {} = {}", x, y, x + y);
12     } else if op == "sub" {
13         println!("{} - {} = {}", x, y, x - y);
14     } else if op == "mult" {
```

```
15            println!("{} * {} = {}", x, y, x * y);
16        } else if op == "div" {
17            println!("{} / {} = {}", x, y, x / y);
18        } else {
19            println!("演算子が不正です。");
20        }
21    }
```

ソースコードの概要

4行目 変数 args を宣言し、ターミナルから入力した文字列で初期化
6行目 変数 op を宣言し、入力した演算子で初期化
7行目 変数 x を宣言し、入力した 1 つ目のオペランドをキャストした値で初期化
8行目 変数 y を宣言し、入力した 2 つ目のオペランドをキャストした値で初期化
10行目 ～ 20行目 if 式を用いて演算子ごとに処理を分岐

4行目でプログラム実行時にターミナルから入力した文字列を取得し、String 型の要素をもつベクタ型の変数 args に格納します。**6行目**で str 型の変数 op を宣言し、args[1] に格納されている演算子を表す文字列で初期化します。**7行目**と**8行目**では i32 型の変数 x と y を宣言し、args[2] と args[3] に保存されている文字列をオペランドとして i32 型にキャストし、それらの値で初期化します。

10行目～**20行目**では、if 式を用いて演算子ごとに処理を分岐します。**10行目**では変数 op の値を確認し、add と同じ文字列であれば、**11行目**の println! マクロを実行します。**11行目**では 2 つの変数 x と y を表示させるとともに、変数の和である x + y を計算して結果を表示します。

その他の if-else ブロックも同様です。演算子を示す文字列が sub か mult か div かを確認し、それぞれ x - y、x * y、x / y を計算して println! マクロで演算結果を表示します。

18行目と**19行目**では、演算子を示す文字列が add、sub、mult、div のいずれでもない場合に「演算子が不正です。」といった警告を出します。

ソースコード 6.7 をコンパイルして実行した結果を**ログ 6.10** に示します。演算子が 4 つ定義してあるので、複数のパターンを入力してプログラムを実行しています。加算、減算、乗算、除算の、すべての演算子で正しく計算処理ができていることが確認できます。

ログ6.10 mainarg2.rs プログラムの実行

```
1 $ rustc mainarg2.rs
2 $ ./mainarg2 add 100 20
3 100 + 20 = 120
4 $ ./mainarg2 sub 100 20
5 100 - 20 = 80
6 $ ./mainarg2 mult 100 20
7 100 * 20 = 2000
8 $ ./mainarg2 div 100 20
9 100 / 20 = 5
```

6.3 ファイル入出力

本節では、**ファイル入出力**について解説します。ファイル入出力に必要な関数や構造体は、std::fs モジュールで定義されています。

なお、fs とは file stream の略です。プログラミングでは、データを「流れるもの」として扱います。これを**ストリーム**（**stream**）と呼びます。

たとえば、入力であれば標準入力によるターミナルからの文字列の読み込みやファイルからのデータの読み込み、ソケット（ネットワークで接続された端末へのインターフェース）からのデータの読み込みなどがあります。それぞれ異なる入力元ですが、やっていることはデータの読み込みです。

一方、出力の場合は、標準出力であるターミナルへの文字列出力やファイルへの書き込み、ソケットへのデータ送信、プリンタでの印刷などがあります。これらも出力先が異なるだけで、データを書き込んでいるのです。

ファイル入出力でもデータをストリームとして扱い、入力元または出力先のファイルを指定して、データを読み込む（read）、または書き込む（write）処理を行います。

6.3.1 ファイル入力の基本

それではファイル入力の基本を解説します。ファイルの種類としては、バイナリファイルとテキストファイルの 2 種類がありますが、本書ではテキストファイルを扱います。テキストファイルとは、テキスト（文字列）が記述されたファイルです。Rust のソースコードもテキストベースのファイルです。

プログラムからテキストファイルを読み込むには、**std::fs モジュール**の read_to_

string関数を用います。引数はファイル名で、戻り値はString型またはエラーを保持するResult型です。たとえば、input1.txtというファイル名のテキストファイルを読み込む場合は、`use std::fs`をソースコードの冒頭で宣言して、`fs::read_to_string("input1.txt")`と記述します。

ファイルにアクセスするため、エラーが起こる場合があります。たとえば、読み込もうとしたファイルが存在しないといったエラーです。この場合は、戻り値であるResult型の値はエラーになります。エラーでない場合は、unwrapメソッドを用いてString型のデータを取り出します。

テキストファイルの場所は、プログラムを実行している場所と同じフォルダとなります。もし異なるフォルダにあるファイルにアクセスしたい場合は、パスを指定します。たとえば、読み込みたいファイルであるinput1.txtがワーキングディレクトリ内のmyfileという名前のフォルダ内にあるならば、`myfile/input1.txt`とファイル名を指定します。

C言語やC++では、ファイル入出力処理のあとにストリームを明確にクローズしなければいけません。Rustでは、所有権システムによって自動的にドロップされるため、明示的にクローズする必要はありません。

ソースコード6.8にテキストファイルのデータを読み込み、読み込んだ文字列をターミナルに表示するプログラムを示します。

ソースコード6.8 ファイル入力の基本

ファイル名「**~/ohm/ch6-3/input1.rs**」

```
1  use std::fs;
2  
3  fn main() {
4      // ファイルの中身を文字列として読み込み
5      let s = fs::read_to_string("input1.txt").unwrap();
6  
7      // 読み込んだファイルの内容を表示
8      println!("読み込んだ文字列\n{}", s);
9  }
```

ソースコードの概要

5行目 変数sを宣言し、input1.txtファイルから読み込んだ文字列で初期化

8行目 変数sの中身を表示

5行目で String 型の変数 s を宣言し、input1.txt という名前のテキストファイルを読み込みます。変数 s の初期値は、読み込んだファイルに書かれているファイルの内容と同じになります。8行目で読み込んだ文字列をそのまま表示します。

このプログラムでは入力用のファイルが必要です。プログラムを実行する前に、ソースコードと同じフォルダに input1.txt というテキストファイルを作成し、あらかじめ文書を書き込んでおきます。

本書の例では、次のような文字列をコピーして保存しました。

< input1.txt の中身>
オーム社は、1914（大正 3）年 11 月 1 日に、電機学校（現在の東京電機大学）によりオーム社発行と冠して創刊された電気雑誌「OHM（オーム）」の発行を機に、廣田精一によって創業されました。

ソースコード 6.8 をコンパイルして実行した結果を**ログ 6.11** に示します。input1.txt ファイルの内容がプログラム内に読み込まれ、ターミナルに表示されていることが確認できます。

ログ 6.11 input1.rs プログラムの実行

```
1 $ rustc input1.rs
2 $ ./input1
3 読み込んだ文字列
4 オーム社は、1914（大正3）年11月1日に、電機学校（現在の東京電機大学）によりオーム社発行と冠して創刊された電気雑誌「OHM（オーム）」の発行を機に、廣田精一によって創業されました。
```

もし input1 プログラムと同じフォルダに input1.txt という名前のファイルが存在しなければ、実行時に実行エラーが検出されます。Rust では、**エラー**が発生することを**パニック**（**panic**）と呼びます。

input1.txt が存在しない状態で input1 プログラムを実行した結果を**ログ 6.12** に示します。ソースコード 6.8 の5行目にあるファイルを開く命令である `fs::read_to_string("input1.txt").unwrap();` の箇所で実行エラーが発生したという文章が表示されます。

ログ 6.12 存在しないファイルへのアクセス

```
1 $ ./input1
```

```
2 thread 'main' panicked at 'called `Result::unwrap()` on an `Err`
  value: Os { code: 2, kind: NotFound, message: "No such file or
  directory" }', src/libcore/result.rs:997:5
3 note: Run with `RUST_BACKTRACE=1` environment variable to display a
  backtrace.
```

このプログラムでは、実行エラーが発生したときにプログラムが停止します。実際のアプリケーションでは、実行エラーを適切に処理し、サービスを稼働し続ける必要があります。エラーを処理することをエラーハンドリング（error handling）と呼びます。

エラーハンドリングを行うためには、本章の第6.4.4項で解説するmatch式を用います。

6.3.2 ファイル出力の基本

本項では、ファイルへの出力について解説します。ファイルへのデータの書き込みは、まず出力先のファイルを作成する必要があります。そのためにstd::fsモジュールで定義されているFile構造体を用います。新しいファイルを作成する場合は、ファイル名を引数として、**createメソッド**を使用します。たとえば、output1.txtという名前の空のファイルを作成する場合は、`use std::fs`をソースコードの冒頭でインポートして、`fs::File::create("output1.txt")`と記述します。

createメソッドの戻り値は、File構造体またはエラーを保持するResult型です。ファイルの作成に失敗するとエラーが戻り値として返され、成功するとFile構造体のオブジェクトが取得できます。成功した場合、unwrapメソッドでFileオブジェクトを取り出します。

ファイルへの書き込みは、File構造体の**writeメソッド**を使用します。createメソッドは静的メソッドですが、writeメソッドは通常のメソッドであるため、書式は`変数名.write(書き込むデータ);`となります。たとえば、File構造体の変数名をfile、書き込みたいString型の変数名をsとします。ファイルへのデータの書き込みは、`file.write(s.as_bytes()).unwrap();`と記述します。書き込むデータがString型の変数sが保持する値なので、これをバイトとして書き出します。そのため、`s.as_bytes()`という値がwriteメソッドへ渡す引数になります。

writeメソッドの戻り値は、書き込んだデータのバイト数またはエラーを保持するResult型です。書き込みが失敗した場合は、エラーが戻り値として戻ります。成功した場合の戻り値は、書き込んだバイト数です。そのため、writeメソッドの実行後にunwrapメソッドを使用します。

ソースコード 6.9 にファイル出力の例を示します。新しいファイルを作成し、標準入力で入力した文字列をそのままファイルに書き出すプログラムです。

ソースコード 6.9 ファイル出力の基本

ファイル名「**~/ohm/ch6-3/output1.rs**」

```
1  use std::fs;
2  use std::io;
3  use std::io::Write;
4  
5  fn main() {
6      // ファイルの生成とファイル型変数の宣言
7      let mut file = fs::File::create("output1.txt").unwrap();
8  
9      // プロンプト表示と文字列の入力
10     println!("ファイルに書き込む文字列を入力してください> ");
11     let mut s = String::new();
12     io::stdin().read_line(&mut s).ok();
13 
14     // ファイルへの書き込み
15     let size = file.write(s.as_bytes()).unwrap();
16     println!("ファイルへの書き込みが終了しました。バイト数 = {}", size);
17 }
```

ソースコードの概要

7 行目 変数 file を宣言し、output1.txt という名前の File オブジェクトで初期化

10 行目 ～ 12 行目 変数 s を宣言し、ターミナルから入力した文字列で初期化

15 行目 変数 s の内容を File オブジェクトである file に書き込み

7 行目で File 型の可変変数 file を宣言し、output1.txt という名前のファイルを作成します。あとで File オブジェクトに文字列を書き込むので、可変変数として宣言する必要があります。

10 行目～**12 行目**は、ファイルに書き込むための文字列を標準入力から読み込む処理です。これに関しては本章の第 6.2 節で説明した内容と同じです。

15 行目で変数 s の内容を File オブジェクトである file に書き込みます。これによってターミナルから入力した文字列がそのままファイルに書き込まれます。また、write メソッドの戻り値から書き込んだデータのバイト数を u32 型の変数 size に格納します。**16 行目**では、変数 size の値を表示します。

ソースコード 6.9 をコンパイルして実行した結果を**ログ 6.13** に示します。output1.txt ファイルが作成され、ターミナルから入力した文字列がファイルに書き込まれます。本書の例では、「Hello world. My name is Alice.」と入力しました。文字数を数えると 30 文字ですが、これに改行文字（\n）を加えると 31 バイトになります。そのため、5行目に「バイト数 = 31」と表示されます。なお、ログ 6.13 は筆者の環境（macOS High Sierra）で実行した結果です。同じソースコードを、Windows 10 の環境でコンパイルして実行した場合、デバイスコントロール（DC3）と呼ばれる文字コード（0x13）が自動的に入力され 32 バイトになりました。環境によって書き込みバイト数が異なる場合があります。

また、プログラム実行後に output1.txt ファイルをテキストエディタで開くと、入力した文字列が記録されていることが確認できると思います。

ログ 6.13 output1.rs プログラムの実行

```
1  $ rustc output1.rs
2  $ ./output1
3  ファイルに書き込む文字列を入力してください>
4  Hello world. My name is Alice.
5  ファイルへの書き込みが終了しました。バイト数 = 31
```

このプログラムでは、少し気をつけることがあります。ソースコード 6.9 では、新しいファイルを作成していますが、すでに同じ名前のファイルがあった場合でも空のファイルを作成します。すなわち、もともとあったファイルが消えることになります。そのため、output1 プログラム複数回実行すると、最後に実行したときに入力した文字列が output1.txt ファイルに書き込まれます。

なお、元のファイルの内容を残したままファイルにデータを**追加**（**append**）する方法は、本節の第 6.3.5 項で解説します。

6.3.3 バッファありファイル入力

前項までにファイル入出力の基本を説明しました。これらの方法は、ファイル内のデータを一気に読み込んだり、書き込んだりします。しかし、それはあまり推奨されません。なぜなら、ファイルの容量と同じ大きさのデータをメモリにロードしなければならないからです。本書の例題プログラムでは問題ありませんが、動画ファイルなどのギガバイト単位の大容量ファイルを読み込むプログラムを想像してください。数ギガバイトのデータをメモリにロードすることは、リソースの有効利用が厳密に求められるシステムプログラミングでは、とても許容できません。

一方、ファイル内のデータを1バイトずつ読み込んだり、書き込んだりする方法もありますが、それは効率的とはいえません。具体例として、大量の文字列で構成されるテキストファイルを読み込み、その内容をString型の変数に格納するプログラムを考えてください。String型の変数名をsとすると、最初の1文字を読み込んで変数sに追加します。そして、次の1文字を読み込んで変数sに追加します。これを何回も繰り返すと、テキストファイル内のすべてのデータを文字列として変数sに格納することができます。しかし、1回ごとにファイル入力が発生するので、明らかに効率が悪くなります。

本項と次項では、効率的なファイル入出力方法として、ブロック単位での読み込みと書き込みについて解説します。ブロック単位での読み込みでは、まずテキストファイル内の最初から改行コードまでの1行分の文字列を読み込んで、変数sに追加します。次に、1行分の文字列を読み込んで、変数sに追加します。これを繰り返してテキストファイルのデータを読み込むと、メモリリソースを節約しつつファイル入力処理の高速化が図れます。

このようなブロック単位での読み込みを、**バッファありファイル入力**と呼びます。一時的にデータを保存しておく場所として、バッファ（buffer）を用います。読み込んだ文字をバッファに格納しておき、1行分読み込んだら処理をするといった動作をします。

バッファありファイル入力の基本

バッファありファイル入力では、std::io::BufReaderと呼ばれる構造体を使用します。コンパイラの仕様では、バッファのデフォルトの大きさは8キロバイト（8 × 1024バイト）です。BufRerader構造体では、静的メソッドであるnewメソッドが用意されています。引数はFile構造体です。たとえば、input2.txtという名前のファイルをバッファありで読み込みたい場合は、`BufReader::new(File::open("input2.txt").unwrap())`と記述します。

newメソッドの戻り値は、BufReaderオブジェクトです。BufReader構造体ではread_lineメソッドが用意されています。read_lineメソッドの引数は、String型の変数です。ファイルから1行分読み込んで、String型の変数に格納します。たとえば次のようなソースコードになります。

```
let mut reader = BufReader::new(File::open("input2.txt").unwrap());
let mut buff = String::new();
reader.read_line(&mut buff).unwrap();
```

ファイルを開き、new メソッドで BufReader オブジェクトを作成し、変数 reader に設定します。String 型の変数 buff は、ファイルから読み込んだ文字列を保存するためのバッファとして使用します。最後に read_line メソッドで、input2.txt ファイルの 1 行目の文字列を読み込み、変数 buff に格納します。

read_line メソッドの戻り値は、読み込んだバイト数です。ファイル全体を 1 行ずつ読み込みたい場合は、ループ構造を用いて制御します。戻り値の値が 0 より大きければ、ループを続けます。ファイルの最後に到達すると読み込む内容がなくなり、戻り値が 0（読み込んだバイト数が 0）となります。

ソースコード 6.10 にバッファありファイル入力プログラムの例を示します。input2.txt ファイルからバッファありでデータを読み込み、ファイルの内容をターミナルに表示するプログラムです。

ソースコード 6.10 バッファありファイル入力

ファイル名「**~/ohm/ch6-3/input2.rs**」

```
 1  use std::fs::File;
 2  use std::io::BufReader;
 3  use std::io::BufRead;
 4
 5  fn main() {
 6      // ファイルの中身を1行ずつ読み込む
 7      let mut reader = BufReader::new(File::open("input2.txt").
    unwrap());
 8
 9      // 読み込んだ内容を1行ずつ表示
10      let mut buff = String::new(); // バッファ
11      while reader.read_line(&mut buff).unwrap() > 0 {
12          print!("{}", buff);
13          buff.clear();
14      }
15  }
```

ソースコードの概要

1 行目 ～ 3 行目 必要なライブラリのインポート

7 行目 可変変数 reader を宣言し、input2.txt ファイルを開いて BufReader オブジェクトで初期化

10 行目 可変変数 buff を宣言し、空の文字列で初期化

11 行目 ～ 14 行目 ファイル内のデータを 1 行ずつ読み込み、ターミナルに表示

1行目～3行目は必要なライブラリの読み込みです。7行目で BufReader 型の可変変数 reader を宣言します。input2.txt という名前のファイルを開いて、BufReader オブジェクトを作成して、可変変数 reader を初期化します。なお、reader はどの行まで読み込んだかを記憶しておく必要があるので、可変変数として宣言しなければいけません。

10行目では、読み込んだ文字列を一時的に格納するために String 型の可変変数 buff を宣言し、空の文字列で初期化します。

11行目～14行目でファイルのデータを 1 行ずつ読み込み、ターミナルに表示します。11行目の while ループの条件式で、1 バイト以上読み込んだかどうかを確認します。同時に読み込んだ文字列を可変変数 buff に格納します。読み込んだバイト数が 0 であれば、すでにファイルの最後まで読み込んだことを意味するので、while ループを抜けます。

12行目で buff の内容を表示します。println! マクロの代わりに、文字列を出力したときに改行を行わない print! マクロを使用しています。ファイルから 1 行分の文字列を読み込んだときには同時に改行文字も読み込まれ、buff に格納されます。そのため、println! マクロを使用すると 1 行表示ごとに余分に改行されるので、ここでは print! マクロを使用しました。

13行目では、clear メソッドを使用して可変変数 buff の値を空にします。次のループで文字列を読み込むときにバッファ内に前のデータが残ると困るので、可変変数の buff をいったん空にするのです。

ソースコードを実行する前に、input2.txt を作成して何でもよいので文字列を書いて保存してください。本書の例では次のような内容にしました。

```
Alice, 23, 東京都
Bob, 25, 大阪府
Chris, 19, 京都府
David, 22, 愛知県
```

名前、年齢、所在地のリストで、1 行で 1 人分の情報を記述しています。

ソースコード 6.10 をコンパイルして実行した結果を**ログ 6.14** に示します。input2.txt 内に記述した文字列が読み込まれ、ターミナルに表示されていることが確認できます。無駄な改行もありません。

ログ 6.14 input2.rs プログラムの実行

```
1 $ rustc input2.rs
```

```
2  $ ./input2
3  Alice, 23, 東京都
4  Bob, 25, 大阪府
5  Chris, 19, 京都府
6  David, 22, 愛知県
```

本書のプログラム例では扱うデータ量が少ないので、バッファを使わない場合と使った場合の処理速度の違いをおそらく体感できないと思います。しかし、一般的にはバッファを使って入出力処理をしたほうがよいと考えてください。

6.3.4 バッファありファイル出力

バッファありファイル出力では、std::io::BufWriter 構造体を使用します。データを読み込むか書き込むかの違いだけで、BufReader とほとんど同じです。

output2.txt という名前のファイルにバッファありでデータを出力したい場合、`BufWriter::new(fs::File::create("output2.txt").unwrap());` と記述します。

ソースコード 6.11 にバッファありファイル出力の例を示します。内容はソースコード 6.9 とほとんど同じで、ターミナルから入力した文字列をそのままファイルに書き出します。違いは BufWriter オブジェクトを使用していることだけです。

ソースコード 6.11 バッファありファイル出力

ファイル名「**~/ohm/ch6-3/output2.rs**」

```
1   use std::fs;
2   use std::io;
3   use std::io::BufWriter;
4   use std::io::Write;
5
6   fn main() {
7       // ファイルの生成とファイル型変数の宣言
8       let mut writer = BufWriter::new(fs::File::create("output2.
    txt").unwrap());
9
10      // プロンプト表示と文字列の入力
11      println!("ファイルに書き込む文字列を入力してください> ");
12      let mut s = String::new();
13      io::stdin().read_line(&mut s).ok();
14
```

```
15      // ファイルへの書き込み
16      writer.write(s.as_bytes()).unwrap();
17      println!("ファイルへの書き込みが終了しました。");
18  }
```

ソースコードの概要

8行目 可変変数 writer を宣言し、output2.txt ファイルを開いて BufWriter オブジェクトで初期化

1行目 ~ 4行目 で必要なモジュールや構造体をインポートします。8行目 で BufWriter 型の可変変数 writer を宣言します。output2.txt という名前のファイルを開き、BufWriter オブジェクトを作成して、可変変数 writer を初期化します。なお、writer はどのデータまで書き込んだかを記憶しておく必要があるので、可変変数として宣言しなければいけません。

それ以外の箇所はソースコード 6.9 と同じです。11行目 ~ 13行目 でターミナルから文字列を読み込み、16行目 で入力した文字列をファイルに書き出します。

ソースコード 6.11 をコンパイルして実行した結果を**ログ 6.15** に示します。プログラム実行後に output2.txt を開くと、ターミナルから入力した文字列が書き込まれていることが確認できます。

ログ 6.15 output2.rs プログラムの実行

```
1  $ rustc output2.rs
2  $ ./output2
3  ファイルに書き込む文字列を入力してください>
4  Hello world. My name is Alice.
5  ファイルへの書き込みが終了しました。
```

6.3.5 ファイルへのアペンド

前項までのファイル出力の例では、新しいファイルを作成してデータを書き込みました。そのため、同じ名前のファイルがあった場合、内容を上書きしていたのです。本項では、ファイルへのデータの追加について解説します。これを**アペンド**（**append**）と呼びます。

ファイルへのアペンドは、std::fs::OpenOptions という構造体を用います。まず、静的メソッドである new メソッドで OpenOption オブジェクトを作成します。そして、OpenOption 構造体で定義されているメソッドを使用してファイルを開くとき

のオプションを設定します。ここではcreateメソッド、appendメソッド、openメソッドを説明します。

次のソースコードを見てください。

```
let mut op = OpenOptions::new();
op.create(true);
op.append(true);
let file = op.open("append.txt");
```

まず`OpenOptions::new()`を実行し、オブジェクトを生成します。OpenOptionsの可変変数をopとします。このあとに設定を変更するので、可変変数でなければいけません。

次に、createメソッドでファイル作成のオプションを設定します。引数はブール型ですが、引数がtrueであれば、ファイルが存在しないときにファイルを作成するという設定になります。この場合、同じ名前のファイルが存在すれば、新たにファイルを生成せずに既存のファイルを開きます。

そして、appendメソッドでファイルにデータを追加するかどうかを設定します。trueであれば、元あるデータを上書きせずにファイルの最後にデータを追加します。

最後にopenメソッドで、ファイル名を指定してファイルを開きます。戻り値は、File型のオブジェクトまたはエラーを保持するResult型です。

上記の要領でファイルを開くときのオプションを指定することができます。ただし、一般的にはそのようにソースコードを記述しません。newメソッド、createメソッド、appendメソッドの戻り値は、すべてOpenOptionsです。そのため、次のように記述を簡略化することができます。

```
let file = OpenOptions::new().create(true).append(true).open("append.
txt");
```

このような書式を**メソッドチェーン**と呼びます。

ファイルへのアペンド例

ソースコード6.12にファイルへのアペンド例を示します。append.txtという名前のファイルに文字列を追加するプログラムです。

ソースコード 6.12 ファイルへのアペンド

ファイル名「**~/ohm/ch6-3/append.rs**」

```
 1  use std::fs::OpenOptions;
 2  use std::io;
 3  use std::io::BufWriter;
 4  use std::io::Write;
 5  
 6  fn main() {
 7      // 追加書き込みオプションでファイルを開く
 8      let mut writer = BufWriter::new(OpenOptions::new().
    create(true).append(true).open("append.txt").unwrap());
 9  
10      // プロンプト表示と文字列の入力
11      println!("ファイルに書き込む文字列を入力してください> ");
12      let mut s = String::new();
13      io::stdin().read_line(&mut s).ok();
14  
15      // ファイルへの書き込み
16      writer.write(s.as_bytes()).unwrap();
17      println!("ファイルへの書き込みが終了しました。");
18  }
```

ソースコードの概要

1行目～4行目 必要なライブラリをインポート
8行目 可変変数 writer を宣言し、オプションありでファイルを開いて初期化
11行目～13行目 標準入力からファイルへアペンドする文字列を入力
16行目 文字列の書き込み

1行目～**4行目**で必要なモジュールや構造体をインポートします。**8行目**でオプションを指定してファイルを開きます。もし append.txt という名前のファイルが存在しなければファイルを作成し、アペンドモードで書き込むという設定になります。また、BufWriter 型の可変変数 writer を宣言します。append.txt ファイルを開き、BufWriter オブジェクトを作成して、可変変数 writer を初期化します。

それ以外の箇所は、ソースコード 6.9 および 6.11 と同じです。**11行目**～**13行目**でターミナルから文字列を読み込み、**16行目**で入力した文字列をファイルに書き出します。

ソースコード 6.12 をコンパイルしてプログラムを 2 回実行した結果を**ログ 6.16** に

示します。1回目の実行時は「Hello world.」という文字列を入力し、2回目の実行時は「My name is Alice.」と入力しています。

ログ 6.16 append.rs プログラムの実行

```
1 $ rustc append.rs
2 $ ./append
3 ファイルに書き込む文字列を入力してください>
4 Hello world.
5 ファイルへの書き込みが終了しました。
6 $ ./append
7 ファイルに書き込む文字列を入力してください>
8 My name is Alice.
9 ファイルへの書き込みが終了しました。
```

プログラム実行後にappend.txtファイルを開くと、**ログ 6.17** のように文字列が追加されているはずです。

ログ 6.17 append.txt の内容

```
1 Hello world.
2 My name is Alice.
```

6.4 式

本節では、式について説明します。RustはC言語やC++に似ていますが、**式言語**であるという点で大きく異なります。C言語やC++では式（expression）と文（statement）が区別されます。一方、式言語であるRustはすべて式です。

式と文の違いは、値を生成するかどうかです。式は値を生成し、文は値を生成しません。たとえば、Rustコンパイラの公式仕様では変数の宣言は次のように定義されます。

仕様 変数の宣言

```
let name: type = expr;
```

nameは変数名、typeは型、exprは式を意味します。右辺は式なので、数値または数式を設定することができます。たとえば、2 * x + y などが式になります。

一方、文とは値を生成しないコードです。Rust では、if 構造は式ですが、文として記述すると次のようになります。

```
let x: i32 = -1;
if x >= 0 {
    println!("非負の値です。");
} else {
    println!("負の値です。");
}
```

上記の if 構造は、値を生成しないので文として機能しています。Rust では、if 式は値を生成できるので式となります。本節では、if 式やブロック、match 式、if-let 式がどのように値を生成するかを解説します。

6.4.1 条件分岐と変数の初期化

ある変数の値によって、他の変数の初期値を変化させるプログラムは多々あります。たとえば、整数型の変数 x と y があったとします。x の値が負の値であれば y の初期値を 0 にし、そうでなければ y の値は x と同じ値にするといった処理などです。

変数 x の値によって変数 y の初期値が変化するので、if 構造を用いて y の値を制御します。もし Rust が式言語でなければ、**ソースコード 6.13** のようなプログラムを記述しなければならないでしょう。また、C 言語や C++ でも同様の記述方法でプログラムを記述します。

ソースコード 6.13 条件分岐と変数の初期化

ファイル名「**~/ohm/ch6-4/ifstmt.rs**」

```
1  fn main() {
2      // 変数を宣言
3      let x: i32 = -10;
4      let y: i32;
5
6      // 変数xの値によってyの値を初期化
7      if x < 0 {
8          y = 0;
9      } else {
10         y = x;
11     }
```

```
12
13      // 変数xとyの値を表示
14      println!("x = {}, y = {}", x, y);
15  }
```

ソースコードの概要

- **3行目** 変数 x を宣言し、-10 で初期化
- **4行目** 変数 y を宣言
- **7行目 ～ 11行目** 変数 x の値によって変数 y を初期化
- **14行目** 変数 x と y の値を表示

3行目で i32 型の変数 x を宣言し、-10 で初期化します。**4行目**で i32 型の変数 y を宣言しますが、ここでは初期化しません。

7行目～**11行目**では、変数 x の値によって異なる値で変数 y を初期化します。ここで条件分岐を用います。もし変数 x の値が 0 よりも小さければ、変数 y の値を 0 にします。そうでなければ変数 y の値は x を代入します。この箇所の if ブロックは値を生成しないので、文として機能しています。**14行目**で変数 x と y の値を表示します。

ソースコード 6.13 をコンパイルして実行した結果を**ログ 6.18** に示します。変数 x には負の値が設定されているので、変数 y の値が 0 になります。

ログ 6.18 ifstmt.rs プログラムの実行

```
1  $ rustc ifstmt.rs
2  $ ./ifstmt
3  x = -10, y = 0
```

6.4.2 if 式を用いた変数の初期化

Rust では、条件分岐である if 構造は式であるため、値を生成することができます。そのため、ソースコード 6.13 をもっとスマートに記述することができます。

では、if 式を用いて変数 y の初期値を変数 x の値によって制御する記述方法を見ていきます。変数の宣言は前述の仕様のとおり、`let name: type = expr;` です。expr は式を意味するので、右辺に if 式を記述してもよいのです。

変数 x の値が負の場合は 0 を生成し、非負の値の場合は x と同じ値を生成する if 式は、次のようなコードになります。なお、値の生成はメソッドの戻り値と同様に、セミコロン（;）を使わずに値を記述するだけです。

```
let y: i32 = if x < 0 {
    0
} else {
    x
};
```

注意する点としては、if式のあとにセミコロン(;)を付けることです。第3.3.1項でのif式の説明では、ブロックのあとにセミコロンを記述していませんでした。あくまでif式はexprです。変数の宣言は`let name: type = expr;`という書式なので、exprのあとにセミコロンが必要なのです。

ソースコード6.14にif式を用いた変数の初期化例を示します。ソースコード6.13と同様の処理をif式を用いて書き換えたプログラムです。

ソースコード6.14 if式を用いた変数の初期化

ファイル名「**~/ohm/ch6-4/ifexpr.rs**」

```
 1  fn main() {
 2      // 変数を宣言
 3      let x: i32 = -10;
 4      let y: i32 = if x < 0 {
 5          0
 6      } else {
 7          x
 8      };
 9
10      // 変数xとyの値を表示
11      println!("x = {}, y = {}", x, y);
12  }
```

ソースコードの概要

3行目 変数xを宣言し、-10で初期化
4行目～8行目 変数yを宣言し、if式が生成する値で初期化
11行目 変数xとyの値を表示

3行目でi32型の変数xを宣言し、-10で初期化します。**4行目**でi32型の変数yを宣言し、if式で初期化します。if式は、変数xが負の値であれば0を生成し、そうでなければxと同じ値を生成します。生成した値は、変数yの初期値として代入されます。**11行目**で変数xとyの値を表示します。

ソースコード 6.14 をコンパイルして実行した結果を**ログ 6.19** に示します。if 式によって正しく変数 y の値が初期化できていることが確認できます。

ログ 6.19 ifexpr.rs プログラムの実行

```
1 $ rustc ifexpr.rs
2 $ ./ifexpr
3 x = -10, y = 0
```

6.4.3 ブロックによる値の生成

ブロックとは波括弧（{}）で囲まれたコードです。仕様上、ブロックも式なので値を生成することができます。値の生成は、セミコロンを付けずに式だけを記述します。

ソースコード 6.15 にブロックによって値を生成する例を示します。コマンドライン引数として 2 つの数値を入力して、合計を初期値として変数に設定するプログラムの例です。

ソースコード 6.15 ブロックによる値の生成

ファイル名「~/ohm/ch6-4/blockexpr.rs」

```
1  use std::env;
2  
3  fn main() {
4      let sum = {
5          //  ターミナルから整数を2つ入力
6          let args: Vec<String> = env::args().collect();
7          let x: i32 = args[1].parse().unwrap();
8          let y: i32 = args[2].parse().unwrap();
9  
10         // 2つの整数の合計値を生成
11         x + y
12     };
13 
14     // 値を表示
15     println!("sum = {}", sum);
16 }
```

ソースコードの概要

4行目 ～ 12行目 変数sumを宣言し、ブロックが生成する結果で初期化
6行目 ～ 8行目 コマンドライン引数をパースし、i32型の値として変数xとyに代入
11行目 x + yという値を生成
15行目 変数sumの値を表示

4行目～12行目で変数sumを宣言し、ブロックが生成する結果で初期化します。6行目～8行目では、コマンドライン引数をパースし、i32型の値として変数xとyに代入します。11行目では、合計値であるx + yを計算します。その演算結果がブロックが生成する値となり、変数sumがx + yで初期化されます。また、ブロックのあとにセミコロンを記述することに注意してください。最後に15行目で変数sumの値を表示します。

ソースコード6.15をコンパイルして実行した結果を**ログ6.20**に示します。本書の例では、main関数の引数として10と99を入力しました。入力した文字列がi32型の整数値にキャストされ、その合計値が変数sumに格納されていることが確認できます。

ログ6.20 blockexpr.rsプログラムの実行

```
1 $ rustc blockexpr.rs
2 $ ./blockexpr 10 99
3 sum = 109
```

6.4.4 パターンマッチング

条件分岐の一種である**match式**を用いた**パターンマッチング**について説明します。if式では、条件分岐を行うときの条件式がブール型でなければなりません。一方、match式ではブール型以外の型を使用して条件分岐ができます。

match式は、C言語などの**switch命令**と似ていますが、分岐のうち1つだけ実行するという点で異なります。また、式なので値を生成することができます。

match式の構文は次のとおりです。

構文 パターンマッチング

```
match 式 {
    パターン 1 => { ブロック 1 },
    パターン 2 => { ブロック 2 },
    ...
    _ => { ブロック n }
}
```

式の箇所は、数式や変数、値でも構いません。パターンの箇所は、式の値がパターンと同じであれば、当該ブロックを実行するという意味です。このブロック内でも値を生成することができます。また、複数のパターンを記述することができます。最後のパターンはアンダーバー (_) になっています。これはどのパターンにも属さない場合、このブロック n を実行するという意味です。

第 3.3.3 項の if-elseif-else 構造で解説したソースコード 3.15 と類似したプログラムを match 式で記述します。**ソースコード 6.16** に match 式の例を示します。変数 point を 0 ～ 4 のいずれかの値で初期化し、A ～ D の成績を表示させるプログラムです。

ソースコード 6.16 パターンマッチングの基本

ファイル名「**~/ohm/ch6-4/match1.rs**」

```
 1  fn main() {
 2      let point = 4;
 3  
 4      // 点数から成績を表示
 5      match point {
 6          4 => println!("成績はAです。"),
 7          3 => println!("成績はBです。"),
 8          2 => println!("成績はCです。"),
 9          1 => println!("成績はDです。"),
10          _ => println!("入力値{}は不正な値です。", point)
11      }
12  }
```

ソースコードの概要

2行目 変数 point を宣言し、4 で初期化

5行目 ～ 11行目 match 式を用いて、実行するブロックを制御

2行目で i32 型の変数 point を宣言し、4 で初期化します。5行目～11行目で match 式を用いて、実行するブロックを制御します。変数 point の値が 4 であれば、「成績は A です。」という文字列を表示します。同様に 3 であれば「成績は B です。」、2 であれば「成績は C です。」、1 であれば「成績は D です。」という文字列を表示します。10行目のパターンであるアンダーバー (_) のブロックは、変数 point の値が 1 ～ 4 のいずれでもない場合に実行されます。

ソースコード 6.16 をコンパイルして実行した結果を**ログ 6.21** に示します。変数 point の値を 4 としているので、「成績は A です。」という文字列がターミナルに表示されるはずです。

ログ 6.21 match1.rs プログラムの実行

```
1  $ rustc match1.rs
2  $ ./match1
3  成績はAです。
```

6.4.5 match 式を用いた変数の初期化

match 式は値を生成することができます。if 式と同様に変数宣言の右辺として設定できます。

ソースコード 6.16 の成績から A ～ E の評価を付けるプログラムを、文字列を表示させる代わりに A ～ E の char 型の値を生成するプログラムに変更します。次のように記述することができます。

```
match point {
    4 => 'A',
    3 => 'B',
    2 => 'C',
    1 => 'D',
    _ => 'E'
}
```

変数 point の値が 4 であれば、A という文字を生成します。point の値が 1 ～ 3 の場合も同様に、それぞれ B、C、D という文字を生成します。また、point の値が 1 ～ 4 のどれでもない場合は、E という文字を生成します。

ソースコード 6.17 に match 式を用いて変数を初期化する例を示します。変数の宣言は `let name: type = expr;` なので、expr の箇所に match 式を記述します。

ソースコード 6.17 マッチ式を用いた変数の初期化

ファイル名「**~/ohm/ch6-4/match2.rs**」

```
fn main() {
    let point = 3;

    // マッチ式で値を生成
    let grade = match point {
        4 => 'A',
        3 => 'B',
        2 => 'C',
        1 => 'D',
        _ => 'E'
    };

    println!("成績は{}です。", grade);
}
```

ソースコードの概要

2行目 変数 point を宣言し、整数の 3 で初期化

5行目 ～ 11行目 変数 grade を宣言し、match 式が生成する値で初期化

13行目 変数 grade の値を表示

2行目で i32 型の変数 point を宣言し、3 で初期化します。**5行目**～**11行目**で char 型の変数 grade を宣言し、match 式が生成する値で初期化します。match 式が生成する値は、char 型の A ～ E のいずれかです。変数の宣言なので、match 式の後にセミコロンを記述する必要があります。**13行目**で変数 grade の値を表示します。

ソースコード 6.17 をコンパイルして実行した結果を**ログ 6.22** に示します。変数 point の値を 3 と設定しているので、match 式が生成する値は B という文字です。そのため、変数 grade は B という文字で初期化されます。その結果、「成績は B です。」という文字列が表示されます。

ログ 6.22 match2.rs プログラムの実行

```
$ rustc match2.rs
$ ./match2
成績はBです。
```

6.4.6 match 式を用いたエラーハンドリング

match 式はエラーハンドリングに使用できます。たとえば、本章の第 6.3.1 項のファイル入力では、ファイルから文字列を読み込むプログラムで、fs::read_to_string 関数を使用しました。関数の戻り値は Result 型のオブジェクトで、String 型の値またはエラーです。具体的には `Ok(s)` か `Err(err)` という値が返されます。ここで変数 s は String 型のオブジェクトで、読み込んだ文字列で初期化されます。変数 err は、エラーに関する情報を含む String 型のオブジェクトで初期化されます。

第 6.3.1 項のソースコード 6.8 の一部を抜粋します。

```
let s = fs::read_to_string("input1.txt").unwrap();
```

ファイルの読み込みに成功した場合、read_to_string 関数が `Ok(s)` を返すので、それを unwrap することで文字列を取り出していました。もし input1.txt という名前のファイルが存在しなければ、エラーが検出され、プログラムがこの箇所で強制的に終了します。

match 式を用いたエラーハンドリングでは、次のように制御します。

```
match fs::read_to_string("input1.txt") {
    Ok(s) => 成功した場合の処理,
    Err(err) => 失敗した場合の処理,
}
```

もし input1.txt という名前のファイルが存在しない場合でも、match ブロックでエラー処理を行い、プログラムを最後まで実行します。

if 式では同様の処理はできません。前述のとおり、if 式は分岐条件としてブール型しか受け付けないからです。

ソースコード 6.18 にファイル入力時のエラーハンドリングの例を示します。ファイルからの入力に成功すると読み込んだ文字列を表示させ、エラーが起こった場合はエラーに関する情報を表示するプログラムです。

ソースコード 6.18 match 式を用いたエラーハンドリング

ファイル名「**~/ohm/ch6-4/ioerror.rs**」

```
1  use std::fs;
2
3  fn main() {
```

```
4       match fs::read_to_string("input1.txt") {
5           Ok(s) => println!("読み込んだ文字列\n{}", s),
6           Err(err) => println!("IOエラー：{}", err),
7       }
8
9       println!("プログラムの実行が終了しました。");
10  }
```

ソースコードの概要

- **4行目** ファイルを開いて文字列を読み込む
- **5行目** ファイルの読み込みに成功した場合、読み込んだ文字列を表示
- **6行目** ファイルの読み込みに失敗した場合、エラーに関する情報を表示

4行目で、input1.txt という名前のファイルを開きます。戻り値は、`Ok(s)` または `Err(err)` です。成功した場合は、変数 s がファイルから読み込んだ文字列で初期化されます。ファイルが存在しない、またはその他の理由によって失敗した場合は、`Err(err)` が戻り値として返されます。変数 err は、エラーの理由を説明するための文字列で初期化されます。

ファイルの読み込みに成功した場合、**5行目**で読み込んだ文字列を表示します。失敗した場合は、**6行目**でエラーに関する情報を表示します。**9行目**で、「プログラムの実行が終了しました。」という文字列を表示します。

ソースコード 6.18 をコンパイルして実行した結果を**ログ 6.23** に示します。ioerror プログラムと同じディレクトリに input1.txt という名前のファイルが存在しない状態でプログラムを実行します。ファイルが存在しないので、fs::read_to_string 関数は `Err(err)` を戻り値として返し、input1.txt という名前のファイルが存在しないといった情報が表示されます。また、「プログラムの実行が終了しました。」という文字列が表示されているので、エラーが起こった場合でも、main 関数の最後までプログラムが実行されていることが確認できます。

ログ 6.23 ioerror.rs プログラムの実行

```
1  $ rustc ioerror.rs
2  $ ./ioerror
3  IOエラー：No such file or directory (os error 2)
4  プログラムの実行が終了しました。
```

6.4.7 if-let 式による条件分岐

Rust には **if-let 式**と呼ばれる条件分岐があります。if-let 式は、パターンが 1 つしかない match 式とほぼ同じです。書式は次のとおりです。

構文 if-let 分岐構造

```
if let パターン = 式 {
    ブロック1
} else {
    ブロック2
}
```

もし式がパターンと同じであれば、ブロック 1 内の命令を実行します。異なる場合は、ブロック 2 内の命令を実行します。

ソースコード 6.19 に if-let 式の例を示します。変数 grade の値を確認し、もし A であれば「成績は A です。」という文字列を表示するプログラムです。

ソースコード 6.19 if-let 式の例

ファイル名「**~/ohm/ch6-4/iflet1.rs**」

```
1 fn main() {
2     let grade = A;
3 
4     if let 'A' = grade {
5         println!("成績はAです。");
6     } else {
7         println!("成績はA以外です。");
8     }
9 }
```

ソースコードの概要

2 行目 変数 grade を宣言し、A という文字で初期化

4 行目 ~ 8 行目 if-let 式で実行するブロックを制御

2 行目で char 型の変数 grade を宣言し、A という文字で初期化します。**4 行目**~**8 行目**では、if-let 式で実行するブロックを実行します。変数 grade の値が A の場合は、if-let ブロック内にある**5 行目**の println! マクロが実行されます。そうでない場合は、

elseブロック内にある**7行目**の命令が実行されます。

ソースコード6.19をコンパイルして実行した結果を**ログ6.24**に示します。変数gradeの値がAという文字なので、if-letブロック内の命令が実行されたことが確認できます。もしgradeの値をA以外にすると、elseブロック内の命令が実行され、表示される文字列が変化します。

ログ6.24 iflet1.rsプログラムの実行

```
1 $ rustc iflet1.rs
2 $ ./iflet1
3 成績はAです。
```

6.4.8 if-let式による変数の初期化

if-let式は値を生成することができます。if式やmatch式と同じように、if-let式を用いて変数を初期化する例を示します。変数の宣言は`let name: type = expr;`なので、exprの箇所にif-let式を記述します。

ソースコード6.20に例を示します。変数pointの値が1であれば、合格を意味する「合」という文字を生成し、1以外であれば不合格を意味する「否」という文字を生成して変数を初期化するプログラムです。

ソースコード6.20 if-let式による変数の初期化

ファイル名「**~/ohm/ch6-4/iflet2.rs**」

```
1  fn main() {
2      let point = 1;
3
4      let grade: char = if let 1 = point {
5          '合'
6      } else {
7          '否'
8      };
9
10     println!("成績は{}です。", grade);
11 }
```

ソースコードの概要

2行目 変数 point を宣言し、整数の 1 で初期化
4行目 ～ 8行目 変数 grade を宣言し、if-let 式が生成する値で初期化
10行目 変数 grade の値を表示

2行目で i32 型の変数 point を宣言し、整数の 1 で初期化します。**4行目**～**8行目**で char 型の変数 grade を宣言し、if-let 式が生成する値で初期化します。変数 point の値が 1 であれば、「合」という char 型の値で初期化されます。それ以外の場合は、「否」という char 型の値で初期化されます。最後に**10行目**で変数 grade の値を println! マクロで表示します。

ソースコード 6.20 をコンパイルして実行した結果を**ログ 6.25** に示します。変数 point の値を 1 と設定しているので、変数 grade の値は「合」となります。そのため、**3行目**では「成績は合です。」という文字列が表示されます。

ログ 6.25 iflet2.rs プログラムの実行

```
1 $ rustc iflet2.rs
2 $ ./iflet2
3 成績は合です。
```

6.5 トレイト

トレイト（**trait**）とは、型に実装させる機能を定義する仕組みです。すなわち、共通のメソッドを集めたものだといえます。Rust 自体はオブジェクト指向型プログラミング言語ではありませんが、トレイトは、C++ や Java でたとえるとインターフェースやクラスに相当します。そのため、トレイトを使用することによってオブジェクト指向型のソースコードを記述できます。

トレイトを使用すると、プログラミング上でポリモーフィズム（polymorphism）と呼ばれる機能を実現できます。ポリモーフィズムとは複数の形状のことを意味します。生物学的な例を挙げると、人間は目をもちます。しかし、目の色は黒や青など人種によって異なります。すなわち複数の形状です。

プログラミングにおいてポリモーフィズムは、複数の型が共通のメソッドを実装していたとしても、その振る舞いは型によって異なることを意味します。たとえば、円形や三角形、長方形などの図形を考えてください。これらの図形は面（area）をもつ

(have) という性質があります。面をもつため、面積を計算することができます。しかし、面積の計算は図形ごとに異なります。円形の面積は、円周率×半径の 2 乗となります。三角形なら底辺×高さ÷ 2、長方形では幅×高さです。それぞれの図形を構造体で定義し、面積を計算するという共通のメソッドを実装した場合、メソッド内の処理（振る舞い）は構造体ごとに異なるのです。

6.5.1 トレイトの定義

トレイトの定義は、trait キーワードを用います。トレイトが提供する機能として、メソッドを宣言します。ここではメソッドの中身は記述せずに、メソッド名と引数と戻り値を定義します。これらをメソッドの**シグネチャ**と呼びます。トレイトの宣言時の書式は次のとおりです。

構文 トレイトの宣言

```
trait トレイト名 {
    メソッドのシグネチャ
}
```

トレイトを実装する構造体は、impl キーワードを用いて次のようにトレイトを実装します。

構文 トレイトの実装

```
impl トレイト名 for 構造体名 {
    トレイトが提供するメソッドの定義
}
```

トレイトの宣言ではメソッドのシグネチャだけを定義しますが、そのトレイトを実装する構造体ではトレイトが提供するメソッドの本体を定義します。これによって、同じトレイトの機能でも構造体ごとに異なる処理をします。

トレイトの実装例

長方形と三角形を考えてみましょう。長方形は幅と高さの 2 つの次元で定義されます。これらの変数名を width と height とします。一方、三角形は底辺と高さで定義されます。これらの変数名を base と attitude とします。

長方形と三角形はともに面をもちます。しかし、面積の計算方法は長方形と三角形で異なります。長方形の面積は、width × height です。一方、三角形の面積は $\frac{1}{2}\times$

base × attitude です。

この面をもつ性質に HasArea と名前を付けてトレイトを宣言し、提供する機能として get_area メソッドを次のように定義します。簡略化のためにすべて i32 型の整数にしています。

```
trait HasArea {
    fn get_area(&self) -> i32;
}
```

長方形を表す Rectangle 構造体を次のように定義します。

```
struct Rectangle {
    width: i32,
    height: i32,
}
```

Rectangle 構造体が HasArea トレイトを実装する場合は、次のように記述します。前述のとおり、面積の計算は幅×高さ（ソースコード内では `self.width * self.height`）です。

```
impl HasArea for Rectangle {
    fn get_area(&self) -> i32 {
        self.width * self.height
    }
}
```

三角形を表す構造体も同様に定義し、HasArea トレイトを実装します。ただし、get_area メソッドの中身は、`self.base * self.attitude / 2` となります。同じ面積を計算する機能でも、型によってメソッドの処理内容が異なるのです。

ソースコード 6.21 にトレイトの例を示します。Rectangle 構造体と Triangle 構造体が HasArea トレイトを実装するプログラムです。

ソースコード 6.21 トレイトの定義

ファイル名「**~/ohm/ch6-5/trait1.rs**」

```
1  trait HasArea {
2      fn get_area(&self) -> i32;
3  }
4
```

```
5  struct Rectangle {
6      width: i32,
7      height: i32,
8  }
9
10 impl HasArea for Rectangle {
11     fn get_area(&self) -> i32 {
12         self.width * self.height
13     }
14 }
15
16 struct Triangle {
17     base: i32,
18     attitude: i32,
19 }
20
21 impl HasArea for Triangle {
22     fn get_area(&self) -> i32 {
23         self.base * self.attitude / 2
24     }
25 }
26
27 fn main() {
28     let rect = Rectangle{width: 10, height: 20};
29     let tri = Triangle{base: 10, attitude: 30};
30
31     println!("長方形の面積 = {}", rect.get_area());
32     println!("三角形の面積 = {}", tri.get_area());
33 }
```

ソースコードの概要

1行目 ～ 3行目 HasArea トレイトを定義

5行目 ～ 8行目 Rectangle 構造体を定義

10行目 ～ 14行目 Rectangle 構造体が HasArea トレイトを実装

16行目 ～ 19行目 Triangle 構造体を定義

21行目 ～ 25行目 Triangle 構造体が HasArea トレイトを実装

27行目 ～ 33行目 main 関数を定義

28行目 Rectangle 型の変数 rect を宣言し、Rectangle オブジェクトで初期化

29行目 Triangle 型の変数 tri を宣言し、Triangle オブジェクトで初期化

1 2 3 4 5 6

1行目～3行目でHasAreaトレイトを定義します。HasAreaトレイトは、多角形の面積を計算するためのget_areaメソッドを提供します。

5行目～8行目では、メンバとしてwidthとheightをもつRectangle構造体を定義します。10行目～14行目でRectangle構造体がHasAreaトレイトを実装します。get_areaメソッドは、長方形の面積の計算なので、widthとheightの乗算結果を戻り値として返す処理を記述します。

16行目～19行目では、メンバとしてbaseとattitudeをもつTriangle構造体を定義します。21行目～25行目でTriangle構造体がHasAreaトレイトを実装します。get_areaメソッドは、三角形の面積の計算なので、baseとattitudeを掛けて2で割った値を戻り値として返す処理を記述します。

27行目～33行目でmain関数を定義します。28行目では、Rectangle型の変数rectを宣言し、widthが10でheigthが20のRectangleオブジェクトを生成して変数を初期化します。29行目では、Triangle型の変数triを宣言し、baseが10でattitudeが30のTriangleオブジェクトを生成して変数を初期化します。31行目と32行目では、変数rectと変数triのget_areaメソッドを実行し、長方形と三角形の面積を表示します。

ソースコード6.21をコンパイルして実行した結果を**ログ6.26**に示します。Rectangleオブジェクトの幅と高さはそれぞれ10と20なので、面積は200となります。一方、Triangleオブジェクトの底辺と高さはそれぞれ10と30なので、面積は150となります。同じget_areaメソッドを実行していますが、構造体ごとに振る舞いが異なることが確認できます。

ログ6.26 trait1.rsプログラムの実行

```
1 $ rustc trait1.rs
2 $ ./trait1
3 長方形の面積 = 200
4 三角形の面積 = 150
```

6.5.2 既存のトレイトの適用

Rustの標準ライブラリでは、さまざまなトレイトが定義されています。既存のトレイトをユーザ定義の型に実装することもできます。よく使うのは、std::fmt::Displayトレイトやstd::fmt::Debugトレイトの実装などです。これらのトレイトを継承すると、println!マクロでターミナルに文字列を出力することができるようになります。

前項で利用したRectangle構造体をprintln!マクロで表示するには、それぞれのメンバにアクセスしていました。たとえば、Rectangle型の変数をrectとすると次のように width と height の値を表示できます。

```
println!("幅 = {}, 高さ = {}", rect.width, rect.height);
```

width と height は i32 型の数値なので、出力フォーマットがすでに定義されています。一方、ユーザ定義の構造体である Rectangle 構造体のオブジェクトを文字列として表示するときのフォーマットは定義されていません。そのため、次のように記述するとコンパイルエラーが検出されます。

```
println!("rect :{}", rect);
```

出力フォーマットを定義するには、std::fmt::Display トレイトを実装して、fmt メソッドを記述します。Rectangle 構造体が Display トレイトを実装する例を示します。

```
impl std::fmt::Display for Rectangle {
    fn fmt(&self, f: &mut fmt::Formatter) -> fmt::Result {
        write!(f, "width = {} and height = {}", self.width, self.
height)
    }
}
```

フォーマットの定義は、fmt メソッドを記述します。戻り値は、成功したか否かを返す Result 型です。メソッドの中身は、write! マクロで、出力フォーマットの設定をします。println! マクロの引数指定と同じ要領なので、なんとなく理解できると思います。

std::fmt::Debug トレイトの実装方法も同様です。println! マクロのプレースホルダーでクエスチョンマーク（`{:?}`）を入れると、Debug トレイトの fmt メソッドで定義したフォーマットで文字列が出力されます。

ある型の値を println! マクロで表示するときに利用可能なフォーマット識別子は、その型が継承しているトレイトで決まります。それぞれの型が継承しているトレイトは、公式ドキュメントで確認できます。たとえば、i32 型であれば、Display トレイトや Debug トレイト、Binary トレイト、Octal トレイト、LowerHex トレイト、UpperHex トレイトなどを継承しています。第 3.8.1 項で解説したとおり、それぞれ `{}`（フォーマット識別子を指定しない）や `{:?}`、`{:b}`、`{:o}`、`{:x}`、`{:X}` とフォーマット識別子を指定できます。

ソースコード 6.22 に既存のトレイトをユーザ定義の構造体へ適用する例を示します。Rectangle 構造体に Display トレイトと Debug トレイトを実装したプログラムです。

ソースコード 6.22 既存のトレイトの適用

ファイル名「~/ohm/ch6-5/trait2.rs」

```
1  use std::fmt;
2  
3  struct Rectangle {
4      width: i32,
5      height: i32,
6  }
7  
8  impl fmt::Display for Rectangle {
9      fn fmt(&self, f: &mut fmt::Formatter) -> fmt::Result {
10         write!(f, "{} × {}", self.width, self.height)
11     }
12 }
13 
14 impl fmt::Debug for Rectangle {
15     fn fmt(&self, f: &mut fmt::Formatter) -> fmt::Result {
16         write!(f, "width = {} and height = {}", self.width, self.
height)
17     }
18 }
19 
20 fn main() {
21     let rect = Rectangle{width: 10, height: 20};
22 
23     println!("rect：{}", rect);
24     println!("rect：{:?}", rect);
25 }
```

ソースコードの概要

8行目～12行目 Rectangle 構造体に Display トレイトを実装
14行目～18行目 Rectangle 構造体に Debug トレイトを実装
20行目～25行目 main 関数を定義
21行目 変数 rect を宣言し、Rectangle オブジェクトで初期化
23行目 println! マクロを用いて、変数 rect の情報を表示
24行目 println! マクロを用いて、変数 rect の Debug 情報を表示

1行目で std::fmt モジュールをインポートします。Display トレイトと Debug ト

レイトの2か所でモジュールを使用するので、あらかじめインポートしたほうが記述が簡潔になるからです。3行目～6行目は、前項と同様にRectangle構造体を定義します。

8行目～12行目で、Rectangle構造体にDisplayトレイトを実装し、fmtメソッドを定義します。フォーマットは、`{} × {}`とします。widthが10でheightが20であれば、println!マクロ実行時に`10 × 20`という文字列が表示されます。

14行目～18行目でRectangle構造体にDebugトレイトを実装し、fmtメソッドを定義します。フォーマットは、`width = {} and height = {}`とします。widthが10でheightが20であれば、println!マクロ実行時に`{:?}`オプションで出力すると、`width = 10 and height = 20`という文字列が表示されます。

20行目～25行目では、main関数を定義します。21行目でRectangle型の変数rectを宣言し、Rectangleオブジェクトで初期化します。幅と高さはそれぞれ10と20に設定します。

23行目でprintln!マクロを用いて、変数rectの情報を表示します。Displayトレイトを実装したときに指定したフォーマットで文字列が表示されます。24行目ではprintln!マクロを用いて、変数rectのDebug情報を表示します。この場合は、Debugトレイトで実装したときに指定したフォーマットで文字列が表示されます。

ソースコード6.22をコンパイルして実行した結果を**ログ6.27**に示します。Dsiplayトレイトと Debugトレイトを実装したので、Rectangle型の変数を引数にして、println!マクロで情報を表示できます。

ログ6.27 trait2.rsプログラムの実行

```
1 $ rustc trait2.rs
2 $ ./trait2
3 rect：10 × 20
4 rect：width = 10 and height = 20
```

6.5.3 トレイトを既存の型に適用

本節の第6.5.1項ではユーザが定義した型（構造体）がユーザが定義したトレイトを実装する方法、第6.5.2項ではユーザが定義した型（構造体）が既存のトレイトを実装する方法を説明しました。本項では、ユーザが定義したトレイトを既存の型に実装する方法を説明します。

既存の型にユーザ定義のトレイトを実装するときも、次のように同様の書式になります。

```
impl トレイト名 for 既存の型名 {
    トレイトが提供するメソッド
}
```

どういった使い方ができるかを説明します。i32 型などの整数は、println! マクロを用いて、10 進数や 2 進数、8 進数、16 進数で表示することができます。すべての基数で表示したい場合は、複数のプレースホルダーを設定しなければなりません。たとえば、i32 型の変数を x とすると次のようなコードになります。

```
let x: i32 = 25;
println!("{}, {:b}, {:o}, {:x}", x, x, x, x);
```

同じ i32 型の変数 x をターミナルに出力しますが、それぞれ異なる基数として表示します。新しいトレイトを定義して、既存の型である i32 型に実装すれば、もっとスマートに同様の処理ができます。

ユーザ定義のトレイトとして、Number を次のように定義します。display_all メソッドは、複数の基数で数値を表示する機能とします。

```
trait Number {
    fn display_all(&self);
}
```

Number トレイトを既存の i32 型に適用するためには、次のように impl キーワードを用いて実装します。

```
impl Number for i32 {
    fn display_all(&self) {
        println!("{}, {:b}, {:o}, {:x}", &self, &self, &self, &self);
    }
}
```

display_all メソッドの本体で println! マクロを実装し、10 進数、2 進数、8 進数、16 進数で整数を表示する処理を記述します。これによって i32 型の整数または数値から display_all メソッドを呼び出して値を表示することができます。

ソースコード 6.23 にユーザ定義のトレイトを既存の型である i32 型に実装するプログラム例を示します。

ソースコード 6.23 トレイトを既存の型に適用

ファイル名「~/ohm/ch6-5/trait3.rs」

```
trait Number {
    fn display_all(&self);
}

impl Number for i32 {
    fn display_all(&self) {
        println!("{}, {:b}, {:o}, {:x}", &self, &self, &self,
&self);
    }
}

fn main() {
    // 変数からトレイトメソッドを実行
    let x: i32 = 25;
    x.display_all();

    // 値から直接メソッドを実行
    100.display_all();
}
```

ソースコードの概要

- 1行目 ～ 3行目 Number トレイトを定義
- 5行目 ～ 9行目 Number トレイトを i32 型に実装
- 11行目 ～ 18行目 main 関数を定義
- 13行目 変数 x を宣言し、整数の 25 で初期化
- 14行目 変数 x から display_all メソッドを実行
- 17行目 i32 型の値である 100 から直接 display_all メソッドを実行

1行目～3行目では、display_all メソッドを提供する Number トレイトを定義します。5行目～9行目で Number トレイトを i32 型に実装します。display_all メソッドの中身は、i32 型の値を 10 進数、2 進数、8 進数、16 進数で表示する内容です。

11行目～18行目では、main 関数を定義します。13行目で i32 型の変数 x を宣言して整数の 25 で初期化し、14行目で変数 x から display_all メソッドを実行します。整数の 25 は、10 進数で 25、2 進数で 11001、8 進数で 31、16 進数で 19 となります。17行目では、100 という i32 型の整数値から直接 display_all メソッドを

実行します。整数の 100 がそれぞれ異なる基数で表示されます。

ソースコード 6.23 をコンパイルして実行した結果を**ログ 6.28** に示します。変数 x の値と 100 という整数値が、10 進数、2 進数、8 進数、16 進数表記で表示できていることが確認できます。

ログ 6.28 trait3.rs プログラムの実行

```
1  $ rustc trait3.rs
2  $ ./trait3
3  25, 11001, 31, 19
4  100, 1100100, 144, 64
```

6.5.4 サブトレイト

既存またはユーザが定義したトレイトを使い、新たに別のトレイトを定義することもできます。これを**トレイトの継承**（**extend**）と呼びます。そして、拡張したトレイトを**サブトレイト**と呼びます。

サブトレイトを実装する型は、継承元のトレイトも実装しなければなりません。サブトレイトの書式は次のようになります。

```
trait サブトレイト名: 継承元トレイト名 {
    サブトレイトが提供するメソッドのシグネチャ
}
```

サブトレイトの実装は、通常のトレイトの実装と同じです。

それでは具体例を示します。名前から自己紹介文を表示する Message トレイトを次のように定義します。

```
trait Message {
    fn to_message(&self);
}
```

そして、Message を継承した EnglishMessage トレイトを次のように定義します。

```
trait EnglishMessage: Message {
    fn to_english_message(&self);
}
```

サブトレイトである EnglishMessage トレイトを実装した型は、継承元のトレイトである Message トレイトも実装しなければならなくなります。

たとえば、Alice という名前の人がいたとします。Message トレイトの to_message メソッドでは、「私の名前は Alice です。」という日本語の自己紹介文を文字列として表示します。一方、EnglishMessage トレイトの to_english_message メソッドでは、「My name is Alice.」といった英語の自己紹介文を文字列として表示します。

ソースコード 6.24 にサブトレイトの例を示します。名前から自己紹介文を表示するプログラムです。

ソースコード 6.24 サブトレイト

ファイル名「**~/ohm/ch6-5/subtrait.rs**」

```
struct Student {
    name: String,
}

trait Message {
    fn to_message(&self);
}

impl Message for Student {
    fn to_message(&self) {
        println!("私の名前は{}です。", self.name);
    }
}

trait EnglishMessage: Message {
    fn to_english_message(&self);
}

impl EnglishMessage for Student {
    fn to_english_message(&self) {
        println!("My name is {}.", self.name);
    }
}

fn main() {
    let student = Student{name: "Alice".to_string()};

    student.to_message();
    student.to_english_message();
}
```

ソースコードの概要

1行目 ～ 3行目　String 型のメンバをもつ Student 構造体を定義
5行目 ～ 7行目　Message トレイトを定義
9行目 ～ 13行目　Message トレイトを Student 構造体に実装
15行目 ～ 17行目　EnglishMessage トレイトを定義
19行目 ～ 23行目　EnglishMessage トレイトを Student 構造体に実装
25行目 ～ 30行目　main 関数を定義
26行目　変数 student を宣言し、Student オブジェクトで初期化
28行目 と 29行目　日本語と英語で自己紹介文を表示

1行目～3行目で String 型のメンバをもつ Student 構造体を定義します。メンバ変数の名前は name とします。

5行目～7行目で to_message メソッドを提供する Message トレイトを定義します。9行目～13行目で Message トレイトを Student 構造体に実装します。to_message メソッドは、String 型の変数 name から日本語の自己紹介文を表示します。

15行目～17行目で to_english_message メソッドを提供する EnglishMessage トレイトを定義します。19行目～23行目で EnglishMessage トレイトを Student 構造体に実装します。to_english_message メソッドの内容は、英語の自己紹介文を表示する処理になっています。

25行目～30行目で main 関数を定義します。26行目で Student 型の変数 student を宣言し、変数 name に Alice という文字列をもつ Student オブジェクトで初期化します。

28行目と29行目で日本語と英語で自己紹介文を表示します。それぞれ「私の名前は Alicle です。」と「My name is Alice.」という文字列が表示されるはずです。

ソースコード 6.24 をコンパイルして実行した結果を**ログ 6.29** に示します。Message トレイトと EnglishMessage トレイトで定義されたメソッドで、それぞれ自己紹介文が表示されていることが確認できます。

ログ 6.29　subtrait.rs プログラムの実行

```
1 $ rustc subtrait.rs
2 $ ./subtrait
3 私の名前はAliceです。
4 My name is Alice.
```

6.5.5 デフォルトメソッド

デフォルトメソッドとは、トレイトを定義するときに本体も定義したメソッドです。トレイトを実装した型は、トレイトが提供しているメソッドの本体を定義します。これに対して、デフォルトメソッドの場合はすでにトレイト内でメソッド本体を定義しているので、トレイトを実装する型があらためてメソッドを定義する必要はありません。もちろん、定義し直すこともできます。記述方法は通常のメソッドと同じです。

多角形と長方形と正方形を具体例として説明します。多角形を表すトレイトをPolygonとします。Polygonトレイトに、面積を計算するget_areaメソッドとis_squareメソッドを次のように定義します。

```
trait Polygon {
    fn get_area(&self) -> i32;
    fn is_square(&self) -> bool {
        true
    }
}
```

get_areaメソッドに関しては、本章の第6.5.1項のソースコード6.21と同じです。Polygonトレイトを実装した型がメソッドの本体を定義します。一方、is_squareメソッドはデフォルトメソッドとして定義するため、この場所でメソッドの中身を記述します。処理内容はブール型のtrueを戻り値として返すだけのメソッドです。

では、長方形を表すRectangle構造体と正方形を表すSquare構造体を定義します。Rectangle構造体は、i32型のwidthとheightという変数名のメンバをもちます。一方、Square構造体はi32型のedgeという変数名のメンバをもちます。

長方形の場合、widthとheightの長さが同じであれば、それは正方形の性質をもちます。そのため、Rectangle構造体がPolygonトレイトを実装する場合、is_squareメソッドを次のように定義し直す必要があります。

```
fn is_square(&self) -> bool {
    if self.width == self.height {
        true
    } else {
        false
    }
```

Rectangleオブジェクトのwidthとheightが同じであれば、戻り値としてtrueを返し、そうでない場合は正方形でないのでfalseを返します。

一方、正方形の場合は4辺の長さがすべて同じです。そのため、Square構造体のオブジェクトは、構造体名のとおり必ず正方形の性質を満たしています。is_squareメソッドの戻り値は常にtrueであるべきです。この場合、Polygonトレイト内ですでに定義したis_suqareメソッドを使用するため、あらためて実装時に定義する必要はありません。

ソースコード6.25に例を示します。多角形と長方形と正方形を定義して、デフォルトメソッドを実装したプログラムです。

ソースコード6.25 デフォルトメソッド

ファイル名「**~/ohm/ch6-5/defaultmethod.rs**」

```
1  trait Polygon {
2      fn get_area(&self) -> i32;
3  
4      // デフォルトメソッド
5      fn is_square(&self) -> bool {
6          true
7      }
8  }
9  
10 struct Rectangle {
11     width: i32,
12     height: i32,
13 }
14 
15 impl Polygon for Rectangle {
16     fn get_area(&self) -> i32 {
17         self.width * self.height
18     }
19 
20     fn is_square(&self) -> bool {
21         if self.width == self.height {
22             true
23         } else {
24             false
25         }
26     }
27 }
28 
```

```
29  struct Square {
30      edge: i32,
31  }
32  
33  impl Polygon for Square {
34      fn get_area(&self) -> i32 {
35          self.edge * self.edge
36      }
37  }
38  
39  fn main() {
40      let rect = Rectangle{width: 10, height:20};
41      let sq = Square{edge:15};
42  
43      println!("rect：面積 = {}, 正方形か否か = {}", rect.get_area(), 
    rect.is_square());
44      println!("sq  ：面積 = {}, 正方形か否か = {}", sq.get_area(), 
    sq.is_square());
45  }
```

ソースコードの概要

- 1行目～8行目　Polygonトレイトを定義
- 5行目～7行目　デフォルトメソッドとしてis_squareメソッドを定義
- 10行目～13行目　Rectangle構造体を定義
- 15行目～27行目　Rectangle構造体にPolygonトレイトを実装
- 20行目～26行目　is_squareメソッドの書き直し
- 29行目～31行目　Square構造体を定義
- 33行目～37行目　Square構造体にPolygonトレイトを実装
- 39行目～45行目　main関数を定義
- 40行目　変数rectを宣言し、Rectangleオブジェクトで初期化
- 41行目　変数sqを宣言し、Squareオブジェクトで初期化

1行目～8行目でPolygonトレイトを定義します。多角形の面積を計算するget_areaメソッドと、デフォルトメソッドとして正方形か否かを判別するis_squareメソッドを宣言します。ここではis_squareメソッドは常にtrueを戻り値として返します。

10行目～13行目でRectangle構造体を定義し、15行目～27行目でRectangle

構造体にPolygonトレイトを実装します。Rectangle構造体の中身とget_areaメソッドは、これまでの類似プログラムと同様です。20行目～26行目では、is_squareメソッドを再度定義しました。長方形の場合は、widthとheightが同じであればtrueを戻り値として返し、そうでなければfalseを返します。

29行目～31行目でSquare構造体を定義し、33行目～37行目でSquare構造体にPolygonトレイトを実装します。正方形の面積は辺の2乗と等しくなるので、edge * edgeを計算し、その演算結果を戻り値として返します。

39行目～45行目でmain関数を定義します。40行目でRectangle型の変数rectを宣言し、Rectangleオブジェクトで初期化します。ここでwidthとheightはそれぞれ10と20に設定して、正方形ではない形にします。41行目では、Square型の変数sqを宣言し、edgeの値を15に設定してSquareオブジェクトで初期化します。

43行目と44行目で、変数rectと変数sqそれぞれの面積と、正方形か否かの情報を表示します。

ソースコード6.25をコンパイルして実行した結果を**ログ6.30**に示します。Rectangle型の変数rectは正方形ではなく、Square型の変数sqは正方形であるといった情報が表示されます。

ログ6.30 defaultmethod.rsプログラムの実行

```
1 $ rustc defaultmethod.rs
2 $ ./defaultmethod
3 rect：面積 = 200, 正方形か否か = false
4 sq  ：面積 = 225, 正方形か否か = true
```

なお、ソースコードを修正してRectangleオブジェクトのwidthとheightの値を同じにすれば、is_squareメソッドの判定でtrueになります。

6.6 列挙型

本節では、名前付き定数の集合である**列挙型**（**enumerations**）について解説します。

たとえば、トランプにはスペード、クラブ、ハート、ダイヤモンドの4種類のマークがあり、これらをスート（suit）と呼びます。スートをソースコード内で定義するには、どうしたらよいでしょうか？　列挙型を知らなければ、次のように定義するでしょう。

```
static SPADE: u8 = 0;
static CLUB: u8 = 1;
static HEART: u8 = 2;
static DIAMOND: u8 = 3;
```

すなわち、各スートをグローバル変数の値に対応させて管理します。プログラミング上の問題としては、**図 6.2**（a）に示すように、スートを u8 型の数値で定義しているため 0 ～ 3 以外の数値をとり得ることです。もし 4 ～ 7 の値であれば、不正な値として処理しなければいけません。

列挙型を用いると、もっとスマートにスートを定義することができます。具体的には、Suit という列挙型の型を宣言し、Suit 型がとり得る値として Spade、Club、Heart、Diamond を定義します。図 6.2（b）に示すように、列挙型の場合はとり得る値が 4 種類しかないので、不正なスートの値をソースコードに記述するといった間違いをなくせます。

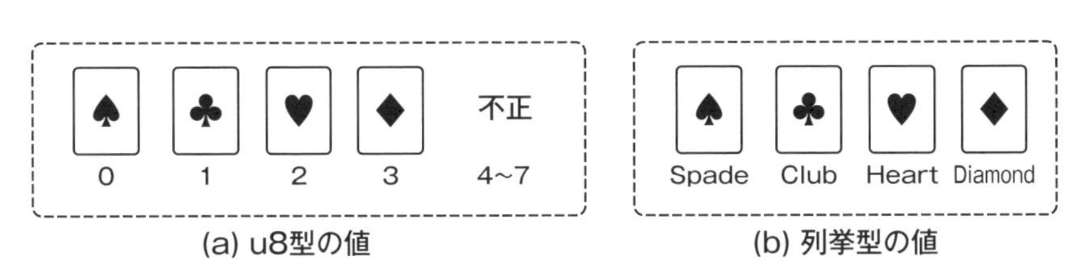

図 6.2 列挙型の例

その他の例として、色の種類などは列挙型で定義するのが一般的です。色を表す Color という列挙型を宣言し、その値として Red、Blue、Yellow、Green、Black などを定義します。

6.6.1 列挙型の定義

列挙型の定義は、enum キーワードを使用します。書式は次のとおりです。

構文 列挙型の宣言

```
enum 型名 {
    定数1,
    定数2,
    ...,
}
```

トランプのスートの列挙型であれば、型名をSuitにして、4つの定数を定義してそれぞれSpade、Club、Heart、Diamondと名前を付けます。以下に例を示します。

```
enum Suit {
    Spade,
    Club,
    Heart,
    Diamond,
}
```

各値にアクセスする場合は、**型名::定数名**と記述します。たとえば、Spadeの値にアクセスするときは`Suit::Spade`となります。

また、列挙型の値をprintln!マクロなどでターミナルに出力する場合は、std::fmt::Displayトレイトを実装し、fmtメソッドを定義します。これに関しては、本章の第6.5.2項で説明したソースコード6.22と同じ要領でメソッドを記述します。

ソースコード6.26にトランプのスートを列挙型として定義したプログラムを示します。

ソースコード6.26 トランプのスートを列挙型で定義

ファイル名「**~/ohm/ch6-6/enum1.rs**」

```
 1  enum Suit {
 2      Spade,
 3      Club,
 4      Heart,
 5      Diamond,
 6  }
 7
 8  impl std::fmt::Display for Suit {
 9      fn fmt(&self, f: &mut std::fmt::Formatter) -> std::fmt::Result
    {
10          match *self {
11              Suit::Spade => write!(f, "♠"),
12              Suit::Club => write!(f, "♣"),
13              Suit::Heart => write!(f, "♥"),
14              Suit::Diamond => write!(f, "♦"),
15          }
16      }
17  }
18
```

```
19  fn main() {
20      let s1: Suit = Suit::Spade;
21      let s2: Suit = Suit::Club;
22      let s3: Suit = Suit::Heart;
23      let s4: Suit = Suit::Diamond;
24  
25      // スートのマークを表示
26      println!("s1 = {}", s1);
27      println!("s2 = {}", s2);
28      println!("s3 = {}", s3);
29      println!("s4 = {}", s4);
30  }
```

ソースコードの概要

- **1行目～6行目** 4つの定数を値としてとる列挙型のSuitを定義
- **8行目～17行目** Displayトレイトを実装し、出力フォーマットを定義
- **19行目～30行目** main関数を定義
- **20行目～23行目** 変数s1、s2、s3、s4を宣言し、それぞれSuit列挙型の定数で初期化
- **26行目～29行目** 変数s1、s2、s3、s4の値を表示

1行目～**6行目**で4つの定数を値としてとる列挙型のSuitを定義します。Suit型の変数がとり得る値はSpade、Club、Heart、Diamondのいずれかになります。

8行目～**17行目**では、Displayトレイトを実装し、println!マクロでSuit型の変数の値を表示するときに、どのような文字列を出力するかを定義します。本書の例では、各スートに対応するマークを文字列として出力するように定義しました。たとえば、`Suit::Spade`であれば、♠を出力します。「すぺーど」とタイプして変換するとスペードのマークに変換できますが、これは機種依存文字なのでオペレーティングシステムによって見え方が異なります。

19行目～**30行目**でmain関数を定義します。main関数の冒頭の**20行目**～**23行目**では、Suit型の変数s1、s2、s3、s4を宣言し、それぞれ`Suit::Spade`、`Suit::Club`、`Suit::Heart`、`Suit::Diamond`といった値で初期化します。

26行目～**29行目**で変数s1、s2、s3、s4を表示します。なお、Displayトレイトを実装していなければ、「出力フォーマットが定義されていない」といった類のコンパイルエラーが検出されます。

ソースコード6.26をコンパイルして実行した結果を**ログ6.31**に示します。Suit型

の各名前付き定数のマークが出力されていることが確認できます。

ログ 6.31 enum1.rs プログラムの実行

```
1 $ rustc enum1.rs
2 $ ./enum1
3 s1 = ♠
4 s2 = ♣
5 s3 = ♥
6 s4 = ♦
```

スートのマークは機種依存文字なので、オペレーティングシステムの環境によって見え方が異なります。macOS High Sierra と Windows 10 では、**図 6.3** と**図 6.4** に示すようにスートのマークが表示されました。

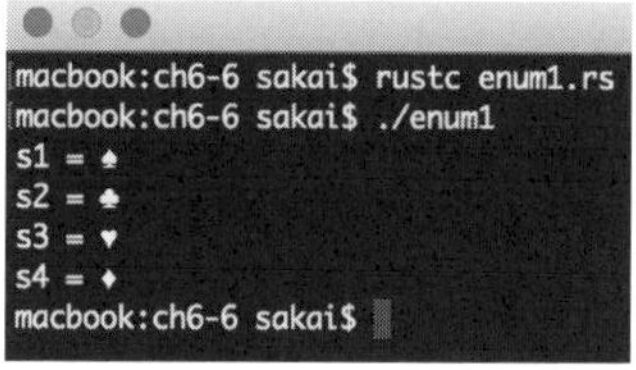

```
macbook:ch6-6 sakai$ rustc enum1.rs
macbook:ch6-6 sakai$ ./enum1
s1 = ♠
s2 = ♣
s3 = ♥
s4 = ♦
macbook:ch6-6 sakai$
```

図 6.3 macOS High Sierra でのスート

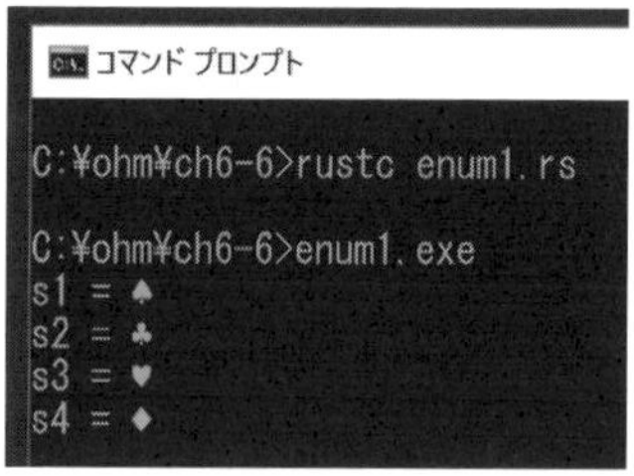

```
コマンド プロンプト

C:¥ohm¥ch6-6>rustc enum1.rs

C:¥ohm¥ch6-6>enum1.exe
s1 = ♠
s2 = ♣
s3 = ♥
s4 = ♦
```

図 6.4 Windows 10 でのスート

6.6.2 名前付き定数と整数へのキャスト

列挙型の変数は、as キーワードを使用して整数にキャストすることができます。たとえば、トランプの絵札を列挙型で定義したいと考えてください。Card という型名の列挙型を次のように定義します。ここでは簡略化のために、とり得る値は Ace、

Jack、Queen、King の 4 つだけとします。

```
enum Card {
    Ace,
    Jack,
    Queen,
    King,
}
```

各名前付き定数を as キーワードでキャストすると、宣言した順番に 0 から番号が振られます。`Card::Ace as u8` であれば整数の 0、`Card::Jack as u8` は整数の 1、`Card::Queen as u8` は整数の 2、`Card::King as u8` は整数の 3 にキャストされます。

実際のトランプカードでは、Ace は 1、Jack は 11、Queen は 12、King は 13 といった整数に対応します。そのため、名前付き定数と整数値を明示的に関連付けたいところです。整数値との関連付けは、宣言時に定数名の後ろにイコール記号と整数値を与えます。整数値に関連付けた NumberedCard という型名の列挙型は次のように宣言します。

```
enum NumberedCard {
    Ace = 1,
    Jack = 11,
    Queen = 12,
    King = 13,
}
```

各名前付き定数をキャストすると、それぞれ整数の 1、11、12、13 にキャストされます。

ソースコード 6.27 に列挙型の名前付き定数と整数値を明示的に関連付けたプログラム例を示します。

ソースコード 6.27 名前付き定数と整数値の関連付け

ファイル名「**~/ohm/ch6-6/enum2.rs**」

```
1 enum Card {
2     Ace,
3     Jack,
4     Queen,
```

```
5        King,
6    }
7
8    enum NumberedCard {
9        Ace = 1,
10       Jack = 11,
11       Queen = 12,
12       King = 13,
13   }
14
15   fn main() {
16       // カードの番号を表示
17       println!("番号なしカードを表示");
18       println!("エース = {}", Card::Ace as u8);
19       println!("ジャック = {}", Card::Jack as u8);
20       println!("クィーン = {}", Card::Queen as u8);
21       println!("キング = {}", Card::King as u8);
22
23       // 番号ありカードの番号を表示
24       println!("番号ありカードを表示");
25       println!("エース = {}", NumberedCard::Ace as u8);
26       println!("ジャック = {}", NumberedCard::Jack as u8);
27       println!("クィーン = {}", NumberedCard::Queen as u8);
28       println!("キング = {}", NumberedCard::King as u8);
29   }
```

ソースコードの概要

- **1行目 ～ 6行目** 列挙型の Card を定義
- **8行目 ～ 13行目** 名前付き定数と整数値が関連付けられた列挙型の NumberedCard を定義
- **15行目 ～ 29行目** main 関数を定義
- **17行目 ～ 21行目** Card 型の各名前付き定数を u8 型にキャストして値を表示
- **24行目 ～ 28行目** NumberedCard 型の各名前付き定数を u8 型にキャストして値を表示

1行目～**6行目**で列挙型の Card を定義します。Ace、Jack、Queen、King を値としますが、整数値との関連付けは行いません。**8行目**～**13行目**では、名前付き定数と整数値が関連付けられた列挙型の NumberedCard を定義し、Ace、Jack、

Queen、King を整数の 1、11、12、13 にそれぞれ関連付けます。

15行目 ~ 29行目 で、main 関数を定義します。17行目 ~ 21行目 では、println! マクロを用いて、Card 型の各名前付き定数を u8 型にキャストして値を表示します。整数値との関連付けを行っていないので、自動的に整数値が割り振られて 0 ~ 3 の値が表示されるはずです。

24行目 ~ 28行目 でも同様に、NumberedCard 型の各名前付き定数を u8 型にキャストして値を表示します。定数と数値が関連付けられているため、Ace は整数の 1、Jack は整数の 11、Queen は整数の 12、King は整数の 13 にキャストされて値が表示されます。

ソースコード 6.27 をコンパイルして実行した結果を**ログ 6.32** に示します。Card 型の名前付き定数は、それぞれ 0 から順番に整数値にキャストされるのに対して、NumberedCard 型の名前付き定数は整数値に関連付けたとおりにキャストされることが確認できます。

ログ 6.32 enum2.rs プログラムの実行

```
1  $ rustc enum2.rs
2  $ ./enum2
3  番号なしカードを表示
4  エース = 0
5  ジャック = 1
6  クィーン = 2
7  キング = 3
8  番号ありカードを表示
9  エース = 1
10 ジャック = 11
11 クィーン = 12
12 キング = 13
```

6.7 ジェネリクス

ジェネリクス（**generics**）とは、具体的な型に依存させずに抽象的かつ汎用的なソースコードを記述する方法です。ジェネリクスの概念は、型や関数やメソッドに適用できます。

たとえば、第 4.5 節で解説したベクタ型は要素を含むことができます。i32 型を要素にもつ Vec 型の変数の宣言では、`let x: Vec<i32> = Vec::new();` と記述しました。ここで小なり記号（<）と大なり記号（>）に囲まれた型名を変更すると、f64型やString型などさまざまな型を要素にもつ**ベクタオブジェクト**を作成できます。

ジェネリクスは前述のとおり、型だけでなく関数にも適用できます。たとえば、2つの数値を受け取って和を戻り値として返すadd関数を記述したいとします。引数の型をi32型とすると、次のように記述できます。

```
fn add(x: i32, y: i32) -> i32 {
    x + y
}
```

上記の関数ではi32型の値しか受け付けないため、実数の足し算ができません。数値なら整数や実数にかかわらずadd関数で加算演算ができれば、ソースコードがより汎用的になります。ジェネリクスはこれを可能にします。

ジェネリクスを使用したときに演算子が入るとソースコードが複雑になりますが、これに関しては本節の第6.7.2項と第6.7.3項で解説します。

6.7.1 ジェネリクスの基本

もう少し簡単な例として、Rustの標準ライブラリで提供されている**ジェネリック**（**generic**）な型を見ていきます。なお、ジェネリクスは名詞でジェネリックは形容詞です。

Option型はジェネリックな列挙型です。Rustの言語仕様では、Option型は次のように定義されています。Option型がもつ値はSome（何らかの値）またはNone（値が存在しない）です。

```
enum Option<T>{
    Some(T),
    None,
}
```

型の抽象化は小なり記号（<）と大なり記号（>）で囲み、関数名の後ろに付けて、**関数名**<T>と記述します。これによってTは型名であることを宣言します。実際のソースコード内では具体的な型名が入ります。たとえば、Option型の変数を宣言してi32型の値で初期化する場合は、`let x: Option<i32> = Some(10);`と記述します。

ソースコード6.28にOption型の使用例を示します。異なる型の値をもつOption型の変数を宣言し、値を表示するプログラムです。

ソースコード 6.28 ジェネリクスの基本

ファイル名「~/ohm/ch6-7/generics.rs」

```
1 fn main() {
2     let x: Option<i32> = Some(10);
3     let y: Option<f64> = Some(-0.55);
4 
5     println!("x = {:?}", x);
6     println!("y = {}", y.unwrap());
7 }
```

ソースコードの概要

2行目 変数 x を宣言し、整数の Some(10) で初期化

3行目 変数 y を宣言し、実数の Some(-0.55) で初期化

2行目 で i32 型または None を保持する Option 型の変数 x を宣言し、整数の Some(10) で初期化します。i32 型なので、Some の中身は整数である必要があります。3行目 で f64 型または None を保持する Option 型の変数 y を宣言し、実数の Some(-0.55) で初期化します。

5行目 で変数 x の値を表示します。そのまま出力すると x は Some(10) という値が表示されます。Someの中身を取り出したい場合は、6行目 のように、unwrap メソッドを用いて変数 y の値を取り出します。

ソースコード 6.28 をコンパイルして実行した結果を**ログ 6.33** に示します。変数 x と y の初期値がそれぞれ表示されます。

ログ 6.33 generics.rs プログラムの実行

```
1 $ rustc generics.rs
2 $ ./generics
3 x = Some(10)
4 y = -0.55
```

ジェネリック型はほかにもあります。たとえば本章の第 6.3 節のファイル入出力では、Result 型が出てきました。Result 型も列挙型で言語仕様では enum Result<T, E> と定義されています。T が何らかの型で E がエラーを意味します。たとえばファイルを開くときは、File 型のオブジェクトまたはエラーを保持する Result 型の値が結果として返されます。

6.7.2 ジェネリック関数（値の比較）

ジェネリクスを関数に適用させる方法を説明します。そのような関数をジェネリック関数と呼びます。関数の宣言で、型を指定するのは引数と戻り値です。2つの変数xとyを引数として受け取り、同じ型の戻り値を返す関数であれば、次のように関数を宣言します。

```
fn func(x:T, y:T) -> T {
    関数内の処理
}
```

変数xと変数yと戻り値の型は同じになります。関数内で数値の演算処理を行う場合は、もう少し情報を加える必要があります。たとえば、2つの数値を受け取って大きいほうの値を返すジェネリック関数を考えてください。引数の変数名をxとyとします。数値の大小を比べるためには、`x >= y`といった比較演算子を使う必要があります。言い換えると、引数のT型の変数xとyは比較できる型でなければならないのです。

この場合は関数名の後ろに、T型がもつべきトレイトを記述します。具体的には、Tはstd::cmp::PartialOrdというトレイトを実装していなければならないことを明確にするために、`fn func<T: std::cmp::PartialOrd>(x: T, y: T) -> T`と記述します。なお、partial order（PartialOrd）というのは、半順序という意味です。情報数学の授業で学習しますが、比較可能という意味であると考えてください。また、cmpはcomparison（比較）の略です。

このように、関数の定義で「Tは半順序な性質をもっていなければならない」という情報を加えます。

ソースコード6.29にジェネリック関数の例を示します。2つの数値を受け取って、大きいほうの値を返す関数を定義したプログラムです。

ソースコード6.29 ジェネリック関数（比較可能な型）

ファイル名「**~/ohm/ch6-7/genfunc1.rs**」

```
1 fn main() {
2     let intmax = max(10, 3);
3     println!("大きいほうの整数 = {}", intmax);
4 
5     let realmax = max(1.55, -3.2);
6     println!("大きいほうの実数 = {}", realmax);
7 }
```

```
 8
 9  fn max<T: std::cmp::PartialOrd>(x: T, y: T) -> T {
10      if x >= y {
11          x
12      } else {
13          y
14      }
15  }
```

ソースコードの概要

2行目 変数 intmax を宣言し、max 関数の戻り値で初期化
5行目 変数 realmax を宣言し、max 関数の戻り値で初期化
9行目 ～ 15行目 2 つの引数のうち、大きいほうの値を返す max 関数を定義

2行目で変数 intmax を宣言し、max 関数の戻り値で初期化します。max 関数の引数が i32 型なので、戻り値は自動的に i32 型になります。**3行目**で変数 intmax の値を表示します。**5行目**で変数 realmax を宣言し、max 関数の戻り値で初期化します。今度は引数が f64 型なので、戻り値も f64 型になります。**6行目**で変数 realmax の値を表示します。

9行目～**15行目**で 2 つの引数のうち、大きいほうの値を返す max 関数を定義します。関数の宣言では半順序の性質をもつ T 型の引数を 2 つ受け付け、T 型の値を戻り値として返すことを宣言します。**10行目**～**14行目**では、if 式を用いて x の値が y の値以上であれば x を戻り値として返し、そうでなければ y の値を返すようにします。

ソースコード 6.29 をコンパイルして実行した結果を**ログ 6.34** に示します。max 関数への引数が i32 型でも、f64 型でも、プログラムが実行できることが確認できます。

ログ 6.34 genfunc1.rs プログラムの実行

```
1  $ rustc genfunc1.rs
2  $ ./genfunc1
3  大きいほうの整数 = 10
4  大きいほうの実数 = 1.55
```

6.7.3 ジェネリック関数（数値の演算）

本項ではジェネリック関数内で数値の演算を行う方法を解説します。乗算（multiplication）の例として、2 つの引数を受け取ってそれらの乗算結果を戻り値として返す関数を考えてみます。

引数の型であるTは乗算可能でなければなりません。たとえば数値と数値は掛け算することができますが、文字列と文字列の掛け算は定義されていません。そのため、ジェネリック型といえども、どの型でもよいわけではありません。

乗算可能な性質は、std::ops::Mulトレイトで定義されています。また、四則演算の場合は出力値に対しても型を定義する必要があります。なぜなら、整数と整数の掛け算は整数ですが、整数と整数の割り算は実数になる可能性があるからです。乗算の場合は、オペランドと演算結果の型は同じになるので、`std::ops::Mul<Outpot=T>`となります。

multiplyという名前のジェネリック関数を定義するならば、次のように宣言します。

```
fn multiply<T: std::ops::Mul<Output=T> >(x: T, y: T) -> T {
    x * y
}
```

このようにジェネリック型に課された制約のことを**境界**（**bounds**）と呼びます。

ソースコード 6.30に2つの引数を受け取って乗算を行うジェネリック関数の例を示します。

ソースコード 6.30 ジェネリック関数（乗算可能な型）

ファイル名「**~/ohm/ch6-7/genfunc2.rs**」

```
1  fn main() {
2      let x = multiply(10, 3);
3      println!("x = {}", x);
4
5      let y = multiply(5.1, 3.3);
6      println!("y = {}", y);
7  }
8
9  fn multiply<T: std::ops::Mul<Output=T>>(x: T, y: T) -> T {
10     x * y
11 }
```

ソースコードの概要

- **2行目** 変数xを宣言し、multiply関数の戻り値で初期化
- **5行目** 変数yを宣言し、multiply関数の戻り値で初期化
- **9行目～11行目** 2つの引数の乗算結果を返すmultiply関数を定義

2行目で変数xを宣言し、multiply関数の戻り値で初期化します。引数と戻り値がi32型なので変数xもi32型になります。3行目で変数xの値を表示します。5行目で変数yを宣言し、multiply関数の戻り値で初期化します。今度は引数と戻り値がf64型なので、変数yもf64型になります。6行目で変数xの値を表示します。

9行目〜11行目で2つの引数の乗算結果を返すmultiply関数を定義します。引数の型であるTは乗算可能でなければならないことを宣言します。関数の中身は2つの引数の乗算結果を戻り値として返すだけです。

ソースコード6.30をコンパイルして実行した結果を**ログ6.35**に示します。multiply関数への引数がi32型でも、f64型でも、プログラムが実行できることが確認できます。

ログ6.35 genfunc2.rsプログラムの実行

```
1 $ rustc genfunc2.rs
2 $ ./genfunc2
3 x = 30
4 y = 16.83
```

6.7.4 ジェネリック関数（絶対値の比較）

2つの数値を受け取り、絶対値を比較して大きいほうの値を戻り値として返す関数を考えます。絶対値を計算するためには乗算可能な性質、大きさの比較には比較可能な性質が必要です。そのため、型はstd::ops::Mulとstd::cmp::PartialOrdトレイトを実装していなければなりません。

さらに今回はCopyトレイトを実装していなければなりません。引数の変数名をxとyとします。絶対値の大小は$\sqrt{x^2}$と$\sqrt{y^2}$を比較して判定しますが、ここではそこまでせずに、2乗した値同士を比較します。そのため、ソースコード内で`x * x`と`y * y`という2つの命令を記述する必要があります。

ここで所有権システムの問題で、`x * x`という式の1つ目のオペランドであるxで所有権が移動し、2つ目のオペランドであるxにアクセスできなくなります。もちろん、変数xとyがプリミティブ型であれば問題ありません。しかし、xとyの実体が参照を含む構造体のオブジェクトであれば、所有権の問題が発生します。

そのため、T型はCopyトレイトを実装していなければならいことを宣言します。なお、プリミティブ型の数値はすべてCopyトレイトを実装しています。

T型が実装していなければならないトレイトの宣言は、関数名の後ろに記述していましたが、トレイト数が多くなると見た目がややこしくなります。そこで、**whereキーワード**を用いた宣言方法があります。関数名をabsmaxとし、2つの引数の型と戻り値の型をTとします。この場合、ジェネリック関数は次のように記述することが可能です。

```
fn absmax<T>(x: T, y: T) -> T
    where T: Mul<Output=T> + PartialOrd + Copy {
    関数内の処理
}
```

関数名の後ろに <T> とだけ記述し、戻り値の型の宣言の後ろに where キーワードを付けてトレイトを宣言します。複数のトレイトがある場合は、プラス記号 (+) をトレイト名の間に入れます。

ソースコード 6.31 に絶対値の比較を行うジェネリック関数の例を示します。

ソースコード 6.31 ジェネリック関数（コピー可能な型）

ファイル名「**~/ohm/ch6-7/genfunc3.rs**」

```
 1  use std::ops::Mul;
 2  use std::cmp::PartialOrd;
 3  
 4  fn main() {
 5      let max = absmax(10.5, -30.1);
 6      println!("大きいほうの値 = {}", max);
 7  }
 8  
 9  fn absmax<T>(x: T, y: T) -> T
10      where T: Mul<Output=T> + PartialOrd + Copy {
11      // 引数を2乗にする
12      let sq_x = x * x;
13      let sq_y = y * y;
14  
15      // 比較
16      if sq_x >= sq_y {
17          x
18      } else {
19          y
20      }
21  }
```

ソースコードの概要

5行目 変数 max を宣言し、absmax 関数の戻り値で初期化

9行目～21行目 2つの引数のうち絶対値が大きいほうの値を戻り値として返す関数を定義

5行目で変数 max を宣言し、absmax 関数の戻り値で初期化します。実数を引数として指定しています。**6行目**で 10.5 と -30.1 のうち絶対値が大きいほうの値を表示します。この場合は -30.1 が表示されるはずです。

9行目～**21行目**では、2つの引数のうち絶対値が大きいほうの値を戻り値として返す関数を定義します。引数と戻り値の型である T は3つのトレイトを実装していなければなりません。もし Copy トレイトを外すと、「所有権が移動した変数にアクセスしている」といった類のエラーが検出されてコンパイルできません。absmax 関数の内容は単純に、引数を2乗して大きいほうの値をもつ変数を戻り値として返します。

ソースコード 6.31 をコンパイルして実行した結果を**ログ 6.36** に示します。実数を引数として absmax 関数を実行し、絶対値が大きいほうの値が表示されていることが確認できます。

ログ 6.36 genfunc3.rs プログラムの実行

```
1 $ rustc genfunc3.rs
2 $ ./genfunc3
3 大きいほうの値 = -30.1
```

6.7.5 ジェネリック構造体

ジェネリクスを構造体に適用することも可能です。ジェネリック型のメンバをもつ構造体をジェネリック構造体と呼びます。

長方形を Rectangle 構造体として定義すると、幅と高さの値をもつデータ型になります。これまでの例題では、Rectangle 構造体の幅と高さは i32 型として宣言しました。この型をジェネリックにすることができます。

ジェネリック構造体の宣言は、構造体名の後ろに小なり記号と大なり記号で囲んだ <T> を付けます。また、メンバの型も T にします。width と height という変数名のメンバをもつ Rectangle 構造体は次のように宣言します。

```
struct Rectangle<T> {
    width: T,
```

```
    height: T,
}
```

構造体名のところでTが型であることを宣言したので、メンバの宣言では`width: T`と`height: T`と記述して、T型の変数であることを宣言します。

ソースコード6.32にジェネリック構造体の例を示します。長方形を表すRectangle構造体を定義して、幅と高さを表す変数をジェネリックな型にしたプログラムです。

ソースコード6.32 ジェネリック構造体

ファイル名「**~/ohm/ch6-7/genstruct1.rs**」

```
1  struct Rectangle<T> {
2      width: T,
3      height: T,
4  }
5
6  fn main() {
7      let rect1 = Rectangle{width: 10, height: 20};
8      println!("rect1: 幅 = {}, 高さ = {}", rect1.width, rect1.
   height);
9
10     let rect2 = Rectangle{width: 5.5, height: 22.3};
11     println!("rect2: 幅 = {}, 高さ = {}", rect2.width, rect2.
   height);
12 }
```

ソースコードの概要

- **1行目～4行目** Rectangle構造体を宣言
- **6行目～12行目** main関数を定義
- **7行目** 変数rect1を宣言し、Rectangleオブジェクトで初期化
- **10行目** 変数rect2を宣言し、Rectangleオブジェクトで初期化

1行目～**4行目**でRectangle構造体を宣言し、T型の2つの変数widthとheightを定義します。

6行目～**12行目**でmain関数を定義します。**7行目**でRectangle型の変数rect1を宣言し、i32型の整数を引数として与えてRectangleオブジェクトを生成します。**8行目**でrect1オブジェクトのwidthとheightを表示します。**10行目**で

Rectangle 型の変数 rect2 を宣言し、f64 型の実数を引数として与えて Rectangle オブジェクトを生成します。11 行目で rect2 オブジェクトの width と height を表示します。

ソースコード 6.32 をコンパイルして実行した結果を**ログ 6.37** に示します。ログのとおり、i32 型と f64 型の値を引数として Rectangle オブジェクトを生成できました。

ログ 6.37 genstruct1.rs プログラムの実行

```
1  $ rustc genstruct1.rs
2  $ ./genstruct1
3  rect1: 幅 = 10, 高さ = 20
4  rect2: 幅 = 5.5, 高さ = 22.3
```

6.7.6 複数のジェネリック型を定義

前項の長方形を表す構造体は、幅と高さが同じ型でした。異なる型にすることもできます。たとえば width を整数にして、height を実数にすることも可能です。

複数の型を宣言する場合は、カンマで型名を区切って複数の型名を記述します。たとえば、`Rectangle<T, U>` などです。この場合、構造体のメンバとして T 型または U 型のジェネリック変数を定義できます。

ソースコード 6.33 に複数のジェネリック型のメンバをもつ構造体の例を示します。

ソースコード 6.33 複数のジェネリック型を定義

ファイル名「**~/ohm/ch6-7/genstruct2.rs**」

```
 1  struct Rectangle<T, U> {
 2      width: T,
 3      height: U,
 4  }
 5
 6  fn main() {
 7      let rect1 = Rectangle{width: 10, height: 20.5};
 8      println!("rect1: 幅 = {}, 高さ = {}", rect1.width, rect1.
    height);
 9
10      let rect2 = Rectangle{width: 5.5, height: 22.3};
11      println!("rect2: 幅 = {}, 高さ = {}", rect2.width, rect2.
    height);
12  }
```

ソースコードの概要

1行目～4行目 Rectangle 構造体を宣言
6行目～12行目 main 関数を定義
7行目 変数 rect1 を宣言し、Rectangle オブジェクトで初期化
10行目 変数 rect2 を宣言し、Rectangle オブジェクトで初期化

1行目～**4行目**で Rectangle 構造体を宣言し、T 型の width と U 型の height を定義します。

6行目～**12行目**で main 関数を定義します。**7行目**で Rectangle 型の変数 rect1 を宣言し、Rectangle オブジェクトで初期化します。オブジェクトのメンバは、width を i32 型の値、height を f64 型の値とします。**8行目**で、変数 rect1 の width と height を表示します。

10行目で Rectangle 型の変数 rect2 を宣言し、Rectangle オブジェクトで初期化します。こちらは width と heigth ともに f64 型の値で初期化します。**11行目**で変数 rect2 の width と height の値を表示します。

ソースコード 6.33 をコンパイルして実行した結果を**ログ 6.38** に示します。変数 rect1 のオブジェクトは、width が i32 型で height が f64 型の値になっていることが確認できます。一方、変数 rect2 のオブジェクトは、width と height ともに f64 型になっています。

ログ 6.38 genstruct2.rs プログラムの実行

```
1 $ rustc genstruct2.rs
2 $ ./genstruct2
3 rect1: 幅 = 10, 高さ = 20.5
4 rect2: 幅 = 5.5, 高さ = 22.3
```

6.7.7 ジェネリック構造体のジェネリックメソッド

構造体のメンバをジェネリックにすると、そのメンバにアクセスするメソッドもジェネリックメソッドとして定義します。前述の Rectangle 構造体に面積を計算するメソッドを追加します。構造体のジェネリックメソッドの定義は、次のとおりです。

```
impl<T> Rectangle<T> {
    メソッド内の処理
}
```

構造体にメソッドを実装する場合は、impl キーワードを使います。この impl の後ろに型を宣言します。メソッドの定義の箇所は、一般的なメソッドをジェネリックメソッドとして宣言するときと同じです。

ソースコード 6.34 に構造体のジェネリックメソッドの例を示します。Rectangle 構造体の面積を計算する get_area メソッドを実装したプログラムです。

ソースコード 6.34 ジェネリックメソッド

ファイル名「**~/ohm/ch6-7/genstruct3.rs**」

```
1  use std::ops::Mul;
2  
3  struct Rectangle<T> {
4      width: T,
5      height: T,
6  }
7  
8  impl<T> Rectangle<T>
9      where T: Mul<Output=T> + Copy {
10     fn get_area(&self) -> T {
11         self.width * self.height
12     }
13 }
14 
15 fn main() {
16     let rect1 = Rectangle{width: 10, height: 20};
17     println!("rect1の面積 = {}", rect1.get_area());
18 
19     let rect2 = Rectangle{width: 5.5, height: 22.3};
20     println!("rect2の面積 = {}", rect2.get_area());
21 }
```

ソースコードの概要

- 3行目 ～ 6行目　Rectangle 構造体を宣言
- 8行目 ～ 13行目　Rectangle オブジェクトの面積を計算するジェネリックメソッドを定義
- 15行目 ～ 21行目　main 関数を定義
- 16行目　変数 rect1 を宣言し、Rectangle オブジェクトで初期化
- 19行目　変数 rect2 を宣言し、Rectangle オブジェクトで初期化

3行目～6行目でRectangle構造体を宣言し、T型の2つの変数widthとheightを定義します。8行目～13行目でRectangleオブジェクトの面積を計算するためのジェネリックメソッドを定義します。メソッド名をget_areaとします。面積を計算するためにwidthとheightの乗算が必要なので、std::ops::Mulトレイトを宣言します。またCopyトレイトも必要です。

15行目～21行目でmain関数を定義します。16行目でRectangle型の変数rect1を宣言し、i32型の整数を引数として与えてRectangleオブジェクトを生成します。17行目でget_areaメソッドを実行し、println!マクロでrect1オブジェクトの面積を表示します。19行目でRectangle型の変数rect2を宣言し、f64型の実数を引数として与えてRectangleオブジェクトを生成します。20行目でget_areaメソッドを実行し、println!マクロでrect2オブジェクトの面積を表示します。

ソースコード6.34をコンパイルして実行した結果を**ログ6.39**に示します。ログの3行目と4行目に示すように、Rectangle構造体のwidthとheightをi32型の値として初期化した場合は面積もi32型の整数となり、f64型の値として初期化した場合は面積もf64型の実数となります。

ログ6.39 genstruct3.rsプログラムの実行

```
1  $ rustc genstruct3.rs
2  $ ./genstruct3
3  rect1の面積 = 200
4  rect2の面積 = 122.65
```

6.8 最後に

Rustはセキュアなプログラムができますが、そのために必要なことは、特殊な処理を除いてすべてRustが行います。コンパイル時に脆弱性となり得る可能性を限りなく排除し、**よい書き方をしなければソースコードのコンパイルすらできません。**本書を読まれてもそのセキュアさを実感できない方も多いと思いますが、それがRustのすごさです。

本書ではRustの基本的な文法とプログラミング作法を解説しました。Rustを使いこなすには、まだまだ学習することがたくさんあります。もっと詳しい内容を知りたい方は、書籍『プログラミングRust』[*1]を読むのがよいでしょう。

*1 『プログラミングRust』Jim Blandy(著)、Jason Orendorff(著)、中田 秀基(訳)／2018／オライリー・ジャパン

次のステップは、Rust 公式 API ドキュメントを読めるようになることです。使いたい機能や使い方がわからない構造体、関数などを自分自身で調べるようにすることが、プログラミング能力を上げる近道です。

INDEX

L

M

N

O

P

R

S

T

U

W

た行

な行

は行

ま行

や行

ら行

〈著者略歴〉
酒井　和哉（さかい　かずや）
公立大学法人 首都大学東京・准教授
米国オハイオ州立大学から Ph.D. を取得。2014 年より首都大学東京で教鞭を執る。現在の役職は准教授。ネットワークセキュリティを専門とする。厳しさ 7 割、放置 3 割といった指導方針で学生に接する。自分では自覚がないが、周りからは「ドライで見放すのが早い」と注意されている。アメリカ滞在時のあだ名は " ブラック・サカイ "。IEEE Computer Society Japan Chapter Young Author Award 2016 を受賞。
著書：コンピュータハイジャッキング（オーム社）

Rust プログラミング入門

2019 年　10 月　15 日　　第 1 版第 1 刷発行

著　　者　酒井和哉
発 行 者　村上和夫
発 行 所　株式会社 オーム社
郵便番号　101-8460
東京都千代田区神田錦町 3-1
電 話　03(3233)0641(代表)
URL　https://www.ohmsha.co.jp/

組版　トップスタジオ　　印刷・製本　三美印刷
ISBN 978-4-274-22435-5　Printed in Japan